U0397402

◎丛书主编　长北

江南建筑雕饰艺术

JIANGNAN JIANZHU DIAOSHI YISHU

镇江卷

练正平　著

徐振欧　摄

东南大学出版社

southeast university press

图书在版编目(CIP)数据

江南建筑雕饰艺术・镇江卷/练正平著;
徐振欧摄.—南京:东南大学出版社,2013.7
ISBN 978-7-5641-4317-6

Ⅰ.江… Ⅱ.①练… ②徐… Ⅲ.①古建筑—雕塑—建筑艺术—华东地区 ②古建筑—雕塑—建筑艺术—镇江市 Ⅳ.TU-852

中国版本图书馆 CIP 数据核字(2013)第 137415 号

江苏省教育厅高校哲学社会科学基金项目

江南建筑雕饰艺术・镇江卷

出版发行:东南大学出版社
社　　址:南京市四牌楼 2 号　邮编 210096
出 版 人:江建中
网　　址:http://www.seupress.com
经　　销:全国各地新华书店
印　　刷:南京玉河印刷厂印刷
开　　本:787 mm×1 092 mm　1/16
印　　张:16.75
字　　数:418 千字
版　　次:2013 年 7 月第 1 版
印　　次:2013 年 7 月第 1 次印刷
书　　号:ISBN 978-7-5641-4317-6
定　　价:88.00 元

本社图书若有印装质量问题,请直接向营销部联系。电话(传真):025-83791830

前　言

中华文明是全世界屈指可数的灿烂文明之一。它那如江海般奔腾澎湃的力量，曾经感染了许多民族，曾经给周边各民族文明乃至世界文明以巨大的影响。迄今为止，中华文明仍然是全世界唯一未遭中断湮没的古老文明。艺术是中华文明史中的明珠。历代留存的艺术品，是中华民族的心灵史，是中华民族形象化了的传记，是中华民族永远的骄傲。然而，历次战争和政治运动，特别是史无前例的“文化大革命”，对本民族有形的和无形的文化遗产进行了一次又一次洗劫；改革开放以后的城市建设热潮，则是对留存于世的建筑艺术遗产的空前浩劫。当人们终于认识：古建筑是城市活着的历史，是本民族灿烂文明的见证时，古建筑只剩下了吉光片羽；人们还没有足够认识到：比古建筑的损坏更为可怕的，是文化主体意识的丧失！保护文化遗产的意义，不在于旅游或是怀旧，而在于证明一个民族悠久历史文化的存在，增强民族自尊和文化主体意识。在传统文化迅速流失的当前，保护传统文化，确立中华文化的主体位置，比任何时候都来得重要和必须。

本世纪元年，笔者接受了“江苏城市传统建筑环境的现状调查和城市文化个性设计”、“江苏古建筑艺术价值和保护研究”两项省级课题，在省民进文化工作委员会和各市、区文化部门的配合之下，前往江苏省南京、扬州、苏州、镇江、徐州、淮安、常熟等七座国家级历史文化名城进行田野调查，写出数万言结题报告，对江苏历史文化名城古建筑及其生态环境保护的失误提出批评。此后，课题组对古建筑的田野调查逐市展开，课题成果《南京民国建筑艺术》、《扬州建筑雕饰艺术》等先后出版。《扬州建筑雕饰艺术》的责任编辑刘庆楚先生提出编写江南古代建筑雕饰艺术丛书的设想。由此，我们商量了编写方案，确定了分卷编写人员，开始了全面的田野调查。

“江南”一词，所指地域各个时期不尽相同。唐太宗贞观元年分天下为十道，“江南道”指长江以南湖南西部至海滨的广袤地区；清初，江苏与安徽同属“江南省”。明中晚期，江南经济高度繁荣，士大夫文化蔚为大观，由江苏南部和扬州延展至于浙、皖。光绪年间，扬州还被称为“江南扬州府”。现在，人们所说的“江南”，仍然是指士大夫文化体系覆盖的江苏南部、江北扬州和浙、皖部分地区。

编写此套丛书的目的，在于抢救文化遗产，呼唤人们重温民族精神，重视和研究本民族自身的文化传统包括建筑传统，真正了解本民族艺术的话语体系，强化本民族艺术的本土特质，强化本民族艺术的哲学精神。传统建筑及其手工工艺材料取自自然，制作中蕴藏了人的情感，给予紧张生活的人们人情的温暖和精神的慰藉。它使人重温农耕社会诗意的生活态度，重新回到失落的精神家园。笔者以布道者的虔诚呼唤炎黄子孙：强化民族文化的主体意识！修补已遭破损、大量丢失的民族文化精神！创造体现民族精神和时代精神的新艺术！

笔者研究方向是古代艺术史论，而于民间工艺及其背后的文化精神研究勤苦，成果也丰。建筑是工匠的艺术，理所当然在笔者研究范围之内。笔者切望不同专业背景的学者能从不同角度参与文化遗产的保护和研究，在确保本民族文化精华得以传承的前提下，对民族传统文化进行整合，重铸提升。

长　北

2013 年春于东南大学

1

彩图 1
西津渡古街上，昭关石塔是我国惟一保存完好、年代最久的过街石塔，塔基东西两面刻有“昭关”二字。又因塔形似石瓶而被称为“瓶塔”。为全国文物保护单位。

2

彩图 2

广肇公所砖雕门楼高耸，左右砖磴壁立，竖线直达屋顶，额枋、砖磴全用水磨青砖对缝拼嵌，门楼与砖墙浑然一色，节奏开张而不局迫，愈见简洁整饬，沉穆大气。门楼上白石字匾宽大舒朗，阴刻“广肇公所”四字。中额枋剔地平起回纹，雕刻工整；下额枋一块玉高浮雕福、禄、寿、喜四星，于浑厚见秀气。允推为镇江现存最美的砖雕门楼，保存完整，十分难得。

彩图 3
大路镇王家弄 8 号王氏民居雕花门罩下额枋开光内砖雕，鸟翅、猫头均违反透视。这违反常态的艺术处理，不合理却合情，恰恰表现出民间艺人烂漫的匠心和天真的意趣。

彩图 4
广肇公所大门地栿刻双龙戏珠图案，雕刻虽浅，却线脚流利，游刃有余，冰冷的石头被赋予了生命的律动之美。

彩图 5
东岳庙戏台上下两层，砖木结构，青砖灰瓦，圆木立柱，大屋顶翘角给人张扬的力度感。

彩图6

张豹文故居因地制宜，将磨砖照壁置于大门右首，双柱式雕花门楼紧贴墙体，磨砖斗缝制为砖磴壁立，以白石嵌为字匾、门楣、门框、挂牙、地栿和柱础，其余皆是青砖。匾墙磨砖斗缝铺为六角锦，宽大舒朗，正中回纹锦开光围起白石字匾，刻楷书“瑞蔼盈门”四字，字体端庄典重，“一块玉”嵌为砖雕“福禄寿三星”，上枋正中嵌砖雕“指日高升”，左右花鸟砖雕与上下卷草砖雕莫不缠卷起伏，圆婉生动。整个门楼磨砖精致，线脚挺拔，细部的妍秀和整体的恢宏对应，与市内广肇公所双柱式雕花门楼都以高大、整饬、精工不露区别于苏州古民居门罩的小巧细腻。允推为镇江砖雕门楼第二。

彩图 7
大路镇宗张村张豹文故居砖雕门楼上额枋五开光内，以高浮雕加透雕工艺雕喜鹊登梅、凤凰牡丹（两块）、“天官赐福”和鸳鸯荷花，构图繁密，花态饱满，叶态自然，浑厚兼得圆婉，是镇江建筑雕饰中不可多见的艺术精品。

彩图 8
丹阳市埤城镇尧巷村邹家祠堂仪门设砖雕门罩，额枋上雕仙鹤，或翔，或立，或舞，俯仰顾盼，形态优美生动，祥云缭绕于其间，雕刻不繁却气韵生动。

彩图 9
大路镇王家村 24 号肖氏民居内，仪门雕花门罩高大气派，匾墙磨砖斗合为六角锦，正中开光内高浮雕、砖枋开光内高浮雕、石门楣上高浮雕……莫不体现出镇江建筑雕饰精湛的技艺水平。

彩图 10
大路镇王家村 24 号肖氏民居石门楣底面亦加以雕饰，这在古建筑中很是少见。其海棠形开光内，浅浮雕“祥云五蝠捧寿”图案，杀根清晰，极富平面的装饰美感。

彩图 11
姚桥镇华山村内古民居大厅木构架彻上露明造，大梁简洁而粗壮，额木雕刻圆婉轻盈，如鸟展翅，与大梁形成体量与造型的对比。

彩图 12
丹阳“务本堂”大厅船篷轩下，大木作花替、柁墩、雀替雕刻简约。

彩图 13
大路镇武桥村孙家塘 57 号赵氏民居砖枋开光内雕花草纹样，稚拙可爱。

彩图 14
丹徒区黄墟镇殷氏六房雕花门罩砖枋上，分别雕寿字、凤鸟、卷草、卍字、流水等纹样，略见繁琐刻削。

彩图 15
张云鹏故居庭院内木栏杆结子木雕八仙，形象于简练中见生动。

彩图 16
张云鹏故居庭院绿树扶疏，古意盎然。

彩图 17
大路镇薛港村张美富民居砖雕门罩，下额枋雕亭台人物，亭内灯笼高挂，人物表情夸张，造型简约，屋外 4 人谈兴正浓，满构图见民间趣味。其上雕一排二方连续卷草纹，缠卷游走，备极生动。

彩图 18
大路镇武桥村姜家桥 90 号田氏民居内，大厅脊檩下额木与山雾云雕刻，似卷草，似流云，柁墩雕刻又似荷叶，曲线圆活，气韵生动。

彩图 19

小港村郭家村 47 号郭氏民居，双层悬柱式雕花门楼高大矗立，门额“一块玉”雕刻尤其精致，从左至右雕“必定如意”、连钱纹、珊瑚、如意、寿字、银锭、方胜等吉祥图案，剔地清楚，主次分明，图案工整，极见功力。

彩图 20

大港镇伯先里 28 号赵甫琪民居，门枕石正面开光内高浮雕双鱼、麒麟、仙鹤，侧面开光内高浮雕游龙祥云；石地栿开光内高浮雕飞凤、麒麟；石柱础开光内高浮雕鸟树。雕工遒劲有力。

彩图 21
西津渡古街始建于六朝，全长 1000 米，历经唐、宋、元、明、清五代，成为镇江历史文脉的典型所在。

彩图 22
大港镇伯先里 28 号赵甫琪民居，雕花门楼保存基本完好，门楼中心水磨方砖上线刻连续卍字纹，中心圆开光内雕“万里封侯”场面，人物喜气，气氛喧炽。

彩图 23
丹徒区黄墟镇“殷氏六房”砖雕门罩挂牙，雕松树、麒麟、梅花鹿，圆熟与生辣并举，既得其形，兼得其神。

彩图 24
大路镇武桥村孙家塘 57 号赵氏民居大门门罩，丁头栱上托挂牙，挂牙雕鲤鱼跃龙门；垂花柱雕江崖海水，开光内雕荷花一朵：雕刻有深，有浅，有线，有面，意匠自由，意在适合圆满。

彩图 25
大路镇中兴东路 81 号孙氏民居仪门砖雕门罩竭尽精工之能事：上额枋回纹镶边围绕三组梅花图案，垂花门挂落镂雕卷草，匾额、兜肚镂雕人物，已损；束腰剔地平起 27 个福、禄、寿字，严谨工整；下额枋雕做基座造型，曲线边缘打破常规，别具韵律，海棠形开光内雕仙鹤梅花鹿；垂花柱柱头圆雕花篮最为精彩。工匠功力，令人叹服。

彩图 26
大路镇武桥村姜家桥 142 号田氏民居砖雕门罩额枋圆开光内，雕游鱼穿梭腾跳，简练生动。

彩图 27
原镇江英国领事馆青砖墙以红砖砌为红色带环绕，配以白窗白栏杆，愈见清新脱俗。

彩图 28
大路镇王家村 24 号肖氏民居内雨挞板上木雕。

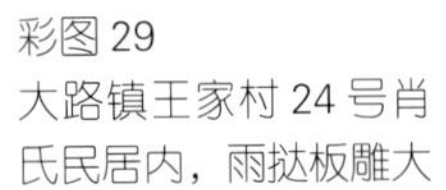

彩图 29
大路镇王家村 24 号肖氏民居内，雨挞板雕大象栖息于山林之中，山石、树冠、大象莫不造型简约，富有装饰趣味。

彩图 30
大路镇王家村 24 号肖氏民居内，雨挞板雕狮子跌宕腾挪，风带缠卷流走，满板似有飒飒风声，备极灵活生动。

目 录

上 篇

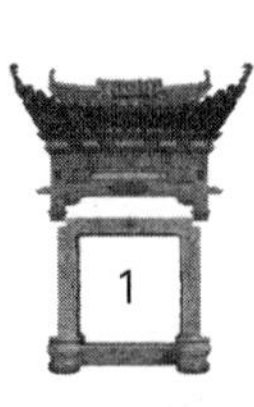

下　篇

上 篇

镇江传统建筑及其雕饰艺术研究

镇江不仅是江苏省重要的内河港口和旅游城市,还是吴文化的发祥地以及南朝宋、齐、梁三朝帝王的故里,具有三千多年建城历史。

镇江山川如锦似绣,名胜古迹荟萃,是国家级文化名城。镇江地区尚存的古代建筑有:传统民居、宗教建筑、公所、祠堂等等。开埠带来的仿西式建筑,是镇江建筑文化的一大特色。镇江传统建筑上的雕饰,积淀了各个时代的思想意识,表现出当时人们的生活方式和审美情趣,虽经风雨剥蚀,仍不失文化价值和审美价值。随着全球化进程和城市现代化,镇江地区的传统建筑及其雕饰也面临着拆毁还是保护的抉择。

一、镇江传统建筑的艺术特色

镇江传统建筑主要指明清建筑、近代仿西式建筑以及今人的一些仿古建筑。它兼容北方建筑的“雄浑”和南方建筑的“纤秀”,加上西式建筑因素的渗入,形成了鲜明的地方特色。

(一)布局规整,雕饰素丽质朴

镇江传统建筑中,民居占了很大的比重。

镇江传统民居有两种结构形式:一类是典型的江南民居,多建于明、清两代;另一类则是建于近代的中西结合式或仿西式民居。

插图 1　镇江市文物保护单位“务本堂”内仪门雕花门楼

插图 2　张云鹏故居内布置精巧的庭院

建于明、清时期的传统民居，规模最大者为西津渡之西的小码头街民居群，东西走向，长达 500 米，街宽 3 米。明清时期此地临近码头，商贾云集，会馆林立，商户相继在此营建房屋，店铺行栈鳞次栉比。沿街设“骑楼”，供路人遮风避雨，同时置放店铺家底层的门板，颇有江南商肆的特色。九如巷在城西，南至宝塔路横街，北至大西路，全长 260 米。留余巷位于山巷之东，全长 245 米，宽 1.5 米。该段原处于商业繁华区域，人口稠密，房屋座座相接。杨家巷民居群占地 15 亩许，四进八行并列，存房屋两百余间。还有全长 135 米、宽 2 米的马祠巷、长 135 米的小营盘民居群、长 100 多米的吉康里。这些民居群，房屋排列井井有条，均为“目”字型四合院。穿堂式是镇江传统民居的典型特点，不管三进五进，进进相通。也有平排并列封闭式，各户在院前另筑小天井，大门设在中轴线院墙中部。巷弄曲折复杂，条石路和青砖路四通八达，陌生人经过，往往会迷途其中，倒也别有情趣。

受徽派建筑影响，镇江传统民居以黑、白、灰为主色调。“白色虽为无色，但可以看出一种伟大的沉默，而那沉默绝不会是死的，而是新生的无，是诞生之前的无。”[1]。镇江传统民居正是采用了这种“伟大而沉默”的白色和黑色。院落封闭内向，青砖墙高约丈余，对外不设窗，现有的窗户多为后人改开。黑色或灰色瓦顶，三峰、五峰马头墙层层跌落，组成跳跃式的黑边，颇具节奏美，视觉韵味素丽而古朴。与徽派建筑近乎张扬的雕刻相比，镇江建筑雕饰则显含蓄。大门正面多数较为简洁，并不高大，仪门虽是雕饰的重点，也不似徽雕那般华丽显露(插图 1)。布局方面，镇江传统民居都以狭窄的天井为中心，沿中轴线两边对称展开，呈合院式。入大门就是天井一方。引自然入庐室本是中国传统建筑文化中“天人合一”思想的体现。人们在

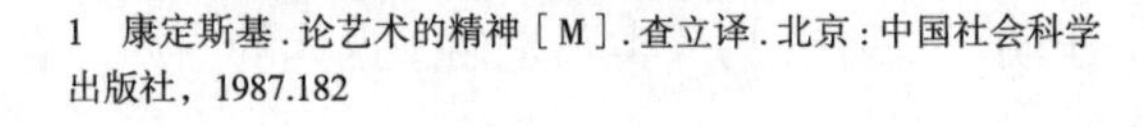

1　康定斯基 . 论艺术的精神［M］. 查立译 . 北京：中国社会科学出版社，1987.182

天井里堆假山，置奇石，栽花种树，花香不断，绿树成荫，居住的人便可居家而享受庭园之美（插图 2）。坐北朝南一进三间为正房，供一家之长起居。堂屋是会客和举行礼仪的场所。成排木格扇上往往雕刻人物、博古或吉祥图案。室内陈设如桌、几、椅、榻、床、橱、柜等家具，常保留明清时的风格，暗红的家具，壁上挂传统的中国山水画和卷轴书法，色调沉稳安定。厅前檐下设船篷（一说卷棚，下同）（插图 3），雀替、柁墩上雕吉祥图，简朴而古拙（插图 4，彩图 12）。东西两旁称“厢房”或“偏房”，砌清砖槛墙，清水勾缝，短格扇糊上牛皮纸，供晚辈仆佣居住（插图 5）。中进大厅常是镇江民居装饰的重点，厅对面的磨砖门罩高大开阔，门额上极尽雕饰。后进有的建为两层跑马楼，装镂空图案木栏杆（插图 6）。总体看来，镇江传统民居从材料到风格，

插图 3 “务本堂”大厅前船篷

插图 5 儒里镇朱氏民宅厢房

插图 4 “务本堂”大厅前船篷上木雕

插图 6　大路镇王家村肖氏民居二层跑马楼

都显出质朴简约之美。

镇江近代仿西式和中西结合式民居，造型借鉴了西方古典建筑的券门和立柱，用材仍以青砖为主，偶尔夹砌红砖线脚成镶边。内部结构和布局依然见中国传统民居的中轴对称之美。对称、均齐、规矩的布局方式，也反映出封建礼制的特征。镇江的仿西式和中西结合式民居，将中西不同的建筑装饰因素合理而有机地融合在一起，毫无造作之感。近代中西结合式民居，给镇江民居建筑文化吹入一股清新自然之风。

（二）因地制宜，建筑借自然造势

镇江濒临大江，又多名山，自古以来吸引了各方佛教和道教人士在此结庐修炼，因此留下大量的寺庙和宫观。

佛教认为，只有远离尘世，消除俗念，修身养性，方可达到思想净化、超凡入神的理想境地。镇江著名的佛教寺院都选址于远离城市的山林僻静处，根据各自所处的地理位置，因地制宜，随势赋形，灵活布局，合理造势。山势低者，寺庙则踞山顶。如金山位于镇江市西北，海拔较低，山势相对平缓，江天禅寺的庙宇便依山而建，逐级上升。殿宇厅堂栋栋相衔，亭台楼阁层层相接，慈寿塔耸立于金山之巅，从山麓到山顶，殿阁楼台对整个金山形成包裹之势，山与寺浑然一体，构成一组椽摩栋接、丹辉碧映的古建筑群，因而有金山“寺裹山”之说（插图 7）。

插图 7　金山寺殿阁楼台对金山形成包裹之势

山形险者，寺庙踞山腰。如坐落于镇江市东北大江之中的焦山，海拔高，山势陡峭，各类殿宇楼阁巧妙地安排在地势平缓的山麓，只在焦山东峰绝顶建汲江亭，与金山吞海亭相对峙。寺庙和楼阁掩映于绿树葱茏的云山郁荫之中，形成“山包寺”的古朴幽邃风貌。整座寺庙由山门到各座殿堂，连同院墙全部为黄色外墙、红色格扇和立柱、黑色瓦

顶，大片的绿树与之相间，黄、绿二色为主调，红、黑二色点缀其间，色调和谐统一，有强烈的宗教气氛（插图 8）。

插图 8　定慧寺掩映于树木葱茏的焦山绿荫中

山峰奇者，寺庙依山形。如素以“天下第一江山”著称的北固山，系“京口三山”名胜之一，山岭逶迤突兀，宛如一条昂首、翘尾、拱背的巨龙，雄踞在镇江城北扬子江滨，因《三国演义》而闻名的甘露寺便坐落在此。其寺、殿、楼、阁集中于北固山后峰绝顶，背负长江，地处悬崖峭壁，形成“寺冠山”的独特风貌。甘露寺建筑都以传统青砖堆砌，黑色小瓦盖顶，与周围浓郁的绿树形成自然平静、古朴幽邃的氛围，令人遥想起当年三国的诸多故事。

山形凹者，寺庙掩其形。如被佛教称为“律宗第一山”的隆昌寺，坐落在句容宝华山盆地之中，整个建筑群掩映在茂密葱绿的山林之中，有“只闻钟声不见寺”之说。寺庙殿宇白墙黛瓦，伽蓝千间，曲廊逶迤，大雄宝殿雕梁画栋，琉璃覆顶，金佛危坐，金刚屹立，神情各异。大理石砌成的广场可容千人。每当朝霞夕照，寺内晨钟暮鼓，经声佛号，悠长沉郁，回荡山谷，可谓“苍苍竹林寺，杳杳钟声晚”（插图 9）。

插图 9　隆昌寺坐落在宝华山山林之中，有“只闻钟声不见寺”之说

还有位于西津渡口的超岸寺、大港五峰山的绍隆寺等，其间建筑都随变化错落的地势形貌自然伸展，灵活衔接，或横或竖，或高或低，或长或短，或正或斜，寺庙安排得像园林一样秀丽灵巧，亲切可人。

土生土长的中国道教，其思想渊源与道家思想攸关。道家崇尚自然山水，因而道教所谓的“三十六洞天”、“七十二福地”并非在彼岸的精神之域，而在人间自然山水之中。茅山风景区 1986 年被省政府批准为省甲级风景名胜区，1995 年被列为省级森林公园。山上峰峦叠嶂，云雾缭绕，怪石林立，曲涧溪流纵横交织，绿树蔽山。它是道教上清派的发源地，秦时便建有炼丹院，西汉咸阳茅盈三兄弟来此结庐修炼，两晋时始建宫观，唐宋时

插图 10　茅山道院依山借势层层向上

期达于鼎盛，清末尚存有三宫五观，人称物华天宝。整个建筑群坐北朝南，依山借势，层层向上，殿台楼院，布局合理，结构严谨，雄伟壮观（插图 10）。

镇江的寺庙和宫观都采用中国传统建筑的结构形制，檐椽交错，斗栱昂立，亭台楼阁点缀其间。或雕梁画栋，或青砖黑瓦，都与周围环境互为映衬，相得益彰。鲜丽的如万绿丛中一点红，为青山增添了活泼的气氛；古朴的则升华了周围淡雅清秀的山景。形能传神，神能养形。形者，指建筑的体量和形状，包括材料、质感和色彩综合体现出的外貌形象。神者，指建筑整体所反映出来的神态和气势。镇江传统宗教建筑以其独特的"形"传达出相应的神态和气势，达到了因地制宜、借自然造势的艺术效果。

伊斯兰教于唐代传入镇江。元、明时期，基督教和天主教相继进入，在镇江留下了不少清真寺和教堂。这些外来宗教建筑，造型结构上借鉴中国传统建筑形制，或作歇山式大屋顶，四面飞檐翘角；或作普通的硬山式小瓦屋面；装饰上，清真寺保留了阿拉伯传统风格，教堂继承了欧美古典建筑特色。它们各具特色，异彩纷呈，形成镇江建筑文化多元共生的格局。

（三）活泼俏丽，仿洋兼民族之风

吴良镛曾评价说："与南京相比，镇江的建筑环境中少了些都市风范和主流性；与扬州相比，镇江的建筑形式又多了一层西方建筑风格的影响。"[1]此言一语中的。

1861年，镇江正式对外开埠，成为长江下游第一个通商口岸和由海入江后的第一商埠。海关设立，洋商进入。英国首先在云台山麓设立租界，建造领事馆。此后，法、美、德、比利时、瑞典等国相继在镇江设立领事馆。许多外商和教会在镇江盖楼开公司，办学校，建医院，开私人诊所。西式建筑进入中国之后，很快吸收了中国传统建筑砖木结构的特点。而"古希腊留给世界的最具体而直接的建筑遗产是柱式。它是除中世纪之外欧洲主流建筑艺术造型的基本元素。它控制着大小建筑的形式和风格"[2]，"拱券结构体系的完善是古罗马人对世界建筑的伟大贡献"[3]。镇江地区的西式建筑保留了西方古典建筑中这两个代表性的结构形式，拱形门窗、券柱式的结构使方的墙墩同圆柱形成对比，方的开间同圆券又形成对比，产生了横、竖、方、圆的节奏变化。有的在大门和窗户两侧装饰或简洁、或花哨的罗马柱。这些细部点缀，美化了建筑本身，使它们呈现出俏丽而不媚俗的气质。

镇江地区仿西式建筑的另一大特色在于青砖红砖的使用。长期以来，自然古朴的青砖是中国人最常用的传统建筑材料；洋人进入镇江以后，很快接受了这看似毫不出彩的青砖，如原妇孺医院旧址和原基督医院全部以青砖建成，没有任何点缀。同时，仿西式建筑也将红砖运用得有声有色。如最早建于镇江的英国领事馆，整座建筑以青砖砌筑，窗的边缘用红砖勾勒，窗框也一律漆成红色，加上黑色的人字形铁皮瓦楞屋顶，色彩靓丽而不浮华，活泼且不失庄重（插图11，彩图27）。位于伯先路35号的蒋怀仁诊所老屋，整座建筑全部以红砖砌筑，拱窗上部和立柱嵌以不规则的青砖，一楼和三楼大门两旁配上雕有柱头的白色罗马柱，色彩感觉典丽庄重。西式古典建筑通常以石头为基本材料，建筑本身的色彩并不丰富，色彩艳丽的彩绘花窗与粗犷质朴的石材形成了鲜明强烈的对比。在中国传统建筑中，以砖头本身的色彩变化作为装饰，极为少见。西方人将本民族的建筑审美带入镇江，结合当地建筑文化的精髓，以形式多变的色彩搭配方式，创造出独一无二的异域建筑风格。它使镇江的建筑文化变得既丰富又有鲜明的地域特征。

1　吴良镛．发达地区城市化进程中建筑环境的保护与发展［M］．北京：中国建筑工业出版社，1979.79

2　陈志华．外国古建筑二十讲［M］．北京．生活・读书・新知三联书店，2002.21—22

3　陈志华．外国古建筑二十讲［M］．北京．生活・读书・新知三联书店，2002.32

插图 11　原英国领事馆西式建筑青砖和红砖搭配得极为漂亮

中国传统建筑与西式古典建筑的另一区别在于体量的高低上。中国传统建筑往往平面安排一栋栋房屋；西式古典建筑则追求体量的高大。镇江西式建筑最少在两层以上，高峻的立面加上细部装饰的点缀，如鹤立鸡群般引人注目。

二、镇江传统建筑雕饰的艺术设计手法

（一）建筑雕饰的文化意蕴

镇江传统建筑中的各类雕刻纹饰，不仅美化了建筑本身，更展现了时代特有的精神面貌，充满了浓郁的乡土气息和地域特征。加之地方建筑不似官式建筑那样程式化，受等级制度的桎梏，民间工匠们以来自生活的真情体验和艺术灵感，创作出雅俗共赏、喜闻乐见的雕饰，其情趣爱好、道德风尚、理想愿望皆聚现其中，生动直观地展现了本民族的风俗民情。

镇江传统民居中常见以蝙蝠为题材的砖木石雕。蝙蝠形象丑陋，却因“蝠”与“福”同音，民间将它作为“福”的象征，蝙蝠成为传递祝福的使者（插图 12）。古时社会生产力低下，人们往往把生活中遇到的灾害、疾病、死亡等自然现象看作是鬼灵作祟，要借一些俗信有法力的物件镇鬼驱邪，避邪免灾。社会发展了，科技进步了，人们依然将龙、狮子、蝙蝠、凤凰、麒麟、鱼等传说中的珍禽瑞兽活灵活现地雕刻在建筑上，以传达对幸福生活的现实追求。《尚书 · 洪范》将人生吉祥如意之事概括为五大类，称为“五福”。“五福”，一曰“寿”，二曰“富”，三曰“康宁”，四

插图 12　大路镇戴氏民居格扇门上木雕五蝠（福）捧寿

插图 13　扬中张卓小旧居门楼上砖雕“寿”字

插图 14　“务本堂”仪门砖雕门罩额枋雕“鱼跃龙门”

曰“修好德”，五曰“考终命”。[1]镇江传统建筑雕饰题材中，以扬中张卓小旧居的雕花门楼传达“寿”文化最具代表性。其上 44 个字体各异的“寿”字，不仅凸显了中国书法艺术之美，更贴切表达了主人延年益寿的美好愿望(插图 13)。另外，“寿星”也是出现较多的吉祥形象，通常与福、禄、喜星同时雕刻，称“福禄寿喜”四星。

镇江传统建筑雕饰中，表示“富”的题材有：禄星、“鲤鱼跳龙门”、“刘海戏金蟾”及古钱图案等。鱼、龙共生水中，龙为神兽，鱼却属凡物。古代神话传说，二者之间有一道龙门相隔，鱼只有经过长期修炼，才能跃过龙门而成为神兽，因此有鲤鱼跳龙门之说。它比拟凡人只有登科及第，升入朝门，才能功成名就，福禄俱得(插图 14)。甘露寺大雄宝殿影壁的岔角内雕有一尾栩栩如生的鱼，鱼头、鱼尾高高翘起，仿佛有一股要跃出水面的力量，鱼嘴上方刻卷草花纹，像是鱼吐出的一串水泡，活泼而又可爱。一些民居门额上“紫阳泽世”石匾，则表示世袭荣禄之意。民间还通过崇奉财神，表达渴望富裕发财的愿望。镇江传统建筑雕饰中的财神是刘海，画面雕成刘海手执串有金钱的绳子在逗弄一只蟾蜍。另外，镇江传统民居的格扇和木板栏杆上，常雕刻金钱、铜钱和元宝等吉祥图案，象征富裕发财。

镇江传统建筑雕饰中表现“康宁”的吉祥图案主要有：“龙凤呈祥”、“太平有象”、卍字纹和如意纹等。龙凤是中华民族的图腾，“龙凤呈祥”是最受崇尚的吉祥图饰。龙至，则风调雨顺，五谷丰登；凤至，则国家安宁，万民有福(插图 15)。“太平有象”是天下太平的象征(插图 16)。传说夏禹之时，九嶷山下舜帝葬处有白象刨土，老臣解释说，白象耕土，是天下太平的瑞应。“卍”字，原是古代宗教标志，通常被认为是太阳或火的象征。卍字在梵文中意为“吉祥之所集”，佛教认为它是释迦牟尼胸部所现的“瑞相”，用作“万德吉祥”的标

1　梁正君 . 广州陈氏书院建筑装饰工艺中的吉祥文化［J］. 岭南文史，2003（2）:10

插图 15 “务本堂”仪门两旁照壁檐下砖雕“丹凤朝阳”

插图 16 “务本堂”仪门两旁照壁檐下砖雕大象

插图 17 儒里镇朱氏民宅大门反面上额枋砖雕取多福、多寿、多子、多财等吉祥寓意

志。在镇江传统民居、祠堂和宗教建筑的砖木石雕中,卍字纹主要作为底纹进行装饰,连续的卍字纹表示长久延续,连绵不断(插图17~插图19)。

在中国两千多年的封建社会中,宗法制度始终是维系封建专制的纽带。它规定长幼尊卑的等级,“违逆父兄”、“忤逆不顺”被视为“大不患也”。“修好德”的雕饰题材多用来宣扬中国传统伦理观念。丹阳访仙镇萧家村现存始建于元朝的萧家祠堂。其磨砖门楼正中石额雕刻“永言孝思”,以作家训。镇江丹阳延陵镇柳茹村贡家祠堂之侧眭氏贞节牌坊建于清朝乾隆年间,是专为表彰本村处士贡荫之妻眭氏的守节美德而造的。牌坊正中枋上刻“旌表处士贡荫三妻眭氏之坊”,另有

插图 18 大路镇王氏民居仪门两旁照壁檐下雕“马上封侯”吉祥图案

插图 19 “务本堂”仪门两旁照壁额枋上雕连续卍字纹

插图 20 “务本堂”照壁上砖雕麒麟

插图 21 “务本堂”照壁四角雕松鼠和松子，寓意多子多孙

各级官员、名贤题名石刻；两旁次间额枋分别刻“瑶池冰雪”和“贞明执操”，以示昭彰。封建社会，三纲五常被视为道德行为规范，妇女的守节与尽孝是很重要的一个内容，历来受到朝廷的重视。

俗话说：“不孝有三，无后为大”。中国传统伦理中，生儿育女之事关系到传宗接代，始终是非常重要的。父母双全、儿孙满堂谓之“天伦之乐”，那才是真正的“考终命”。镇江传统建筑雕饰中常见葡萄、石榴和麒麟送子等吉祥图案。麒麟是幻想中的瑞兽，它以鹿为原形，复合其他动物的特征加工而成。鹿是一种喜欢群聚、繁殖力极强的动物，古人视之为生殖象征，由鹿幻化而来的麒麟，依然保留了鹿的生殖象征意义（插图 20）。葡萄和石榴被寓予多子的吉祥寓意，直观地传达人们对子嗣昌盛、家族兴旺的渴盼（插图 21、插图 22）。

值得关注的是，镇江传统建筑雕饰中楹联和匾额占有很大比重。楹联和匾额不仅是文学艺术的组成部分，也是建筑艺术的组成部分，是我国汉民族独特的艺术形式。历代骚人墨客、名流大家都曾流连于镇江的秀美山水，留下大量吟咏之作。其中一部分以楹联和匾额的形式视觉化，或记述建筑的历史，或寓意哲理，或烘托建筑的华丽，从不同角度深化了建筑的情、趣、意，成为镇江传统建

插图 22 “务本堂”照壁四角砖雕

筑画龙点睛、不可或缺的一笔。有的楹联单纯写景。如定慧寺自然庵有郑燮书的“山光扑面经新雨；江水回头为晚潮”[1]，定慧寺壮观亭有楹联“砥柱镇中流，此处好究千里目；海门吞夜月，何人领取大江秋”。屹立于城东北大江中的焦山，古时处于江海交汇处，东临海潮，西抵江浪，景色雄奇，蔚为壮观。新雨过后，空气爽朗，南岸青山如扑面而来；晚潮汹涌，似滔滔江水回头。作者以奇特的想象、生动地描写出一幅美妙壮观的自然风景。有的楹联咏史怀古。北固山甘露寺券门两侧一对石刻楹联：“地窄天宽，江山雄楚越；沤浮浪卷，栋宇自孙吴”。上联写在辽阔的天地中，北固山雄踞于楚越之间；下联写山下波涛汹涌，山上楼宇层叠，与孙吴大业密切相关。既写出了北固山的地理形势，又写出了北固山的历史，既有空间上的辽阔，也有时间上的悠远。有的楹联抒怀勉志。如定慧寺山门楹联：“长江此天堑，中国有圣人”。还有的楹联宣扬佛法，“水上立鳌峰，地少天多，一片光明开觉路；门前对龙窟，安禅听法，万花飞舞渡迷津”。[2]既描写了金山险奇壮阔的地理形势和自然风景，又写出了江天禅寺的禅宗佛法，劝教佛门弟子只有心向佛祖，抛弃俗念，入定听经，才能渡越凡尘，到达彼岸。

镇江宗教建筑中的匾额、石刻和碑文多为名家所作。清康熙四十四年（1705），名士李健俑登临金山妙高峰，见水光山色奇艳，自然景色壮丽，篆书“千古雄观”四字，如今刻石置于山巅。明嘉靖元年（1522），大书法家胡缵宗被焦山秀丽幽静的自然美景所吸引，欣然作书“海不扬波”四字，以比喻佛家清平世界。后人爱慕其字，将刻石嵌于山门影壁上。茅山道院的睹星门为宫内道士观星望月之处，石牌坊两旁石壁上刻有清代书法家王澍楷书“第八洞天，第一福地”。北固山自古风景秀丽，气势雄伟。相传三国时，刘备来甘露寺招亲，见此情此景，叹道“此乃天下第一江山也”，如今，“天下第一江山”石刻在甘露寺长廊北端墙壁上，为南宋书法家吴琚所书，由清代镇江通判程康庄重镌。甘露寺多景楼上，有宋代大书法家米芾书的“天下江山第一楼”匾额。焦山摩崖题记和碑林是全国文物保护单位，摩崖题记在焦山西北沿江一线岩石上，约有百余处，时代从六朝至唐、宋、元、明、清，书法有真、草、隶、篆，内容有记事、题跋、赞咏。焦山碑林约有四百余块刻石，内容囊括了文苑、艺术、史料等三大类。

楹联、匾额和刻石从各个不同的侧面写出了镇江深厚的区域文化，展示了镇江山水的神韵和文化内涵，同时兼合了书法和雕刻艺术，给人们带来多层次的审美享受。这些楹联石刻包含了深厚的人文情怀，与周围的建筑环境和自然环境融汇为有机的整体，成为建筑文化不可缺的部分。

1 曲云进．镇江山水名胜楹联述论［J］．江苏大学学报（社会科学版），2003，5（4）:83

2 曲云进．镇江山水名胜楹联述论［J］．江苏大学学报（社会科学版），2003，5（4）:84

镇江传统建筑雕饰作为中国民间艺术的组成部分,不同时代、不同民风民俗以及不同审美需求皆凝聚其中,表现着当时镇江居民的生活水平、生活方式、生活习俗,渗透着创造者对生活的理解。镇江传统建筑及其雕饰不是僵化的,而是发展的,是有蓬勃生命力,在继承传统的基础上,有所突破和创新,以灵巧多变的构成方式和精湛周密的雕刻工艺,形成浓郁的乡土气息和强烈的区域特色。它繁荣丰富了本已多彩的镇江建筑文化,使得镇江传统建筑的内涵得以进一步升华和提高,给现代建筑及其他艺术门类提供了有效的借鉴。

(二)建筑雕饰的布局营措

中国传统建筑雕饰从最初的实用构件,发展演变为一种装饰。这使得它既要有高超的技术手段,又要有完美的艺术设计手法。两者的有效结合,才能创造出精美的建筑雕饰。镇江传统建筑雕饰都潜心布措,经营有道,力求在触目之处、俯仰之间获得最佳的视觉效果,使得建筑与雕饰浑然贯通。

在中国文化中,"'门面'一词被赋予了特殊含义。大门是人们登堂入室的第一关,自然成为雕饰的重点之一。"[1]《黄帝宅经》说:"以门户为冠带",门是主人身份的表征,因此,有的以"屋门"形式出现,门上做脊、翘角、檐和装饰性斗栱。门罩、门楼是镇江传统民居装饰的重点。

作为完全不同的建筑类型,镇江宗教建筑和传统民居在殿堂的装饰刻画上各有艺术手法。传统民居通常为封闭式院落结构。入户后,厅、堂两厢,天井一方,是日常生活起居、活动频繁之处,也是人们视线集中的地方。从大厅四周的格扇、二楼的栏板、槛窗到梁、枋、柱、檩、斗栱,都成为雕工艺匠们大显身手的所在,梁、柱、额枋等构件因雕刻的引人入胜而得以美化和突出。宗教建筑的殿堂布局则是另一风格。佛教建筑中,供奉天主的天王殿,供奉佛与菩萨像的大雄宝殿和诵经修行的法堂以及藏经楼等殿堂是整个寺院的主体建筑,按先后排列在南北中轴线上。这些殿堂都采用中国传统建筑形制,飞檐起翘,脊饰吻兽,藻井彩绘,砖、石、木雕一应俱全,气势雄伟壮观。其中,装饰的"重头戏"非大雄宝殿莫属。因为"大雄者,佛之德号也。释迦佛有大力,能伏'四魔',故称大雄"[2]。江天禅寺的大雄宝殿,殿高七丈有余,坐落在白基座上,黄墙红柱,红色隔扇,重檐歇山式,气势雄伟。砖饰斗栱,额枋梁柱上的彩绘精致华丽,令人目眩。四周廊庑宽广(插图23)。殿中供奉着三世佛,上方四周设阁,供奉五十六尊罗汉。不论是木雕的,还是泥塑的,都是彩色或金色,佛像前的供

1　吴为.中国传统建筑装饰[C].见:杭间主编.装饰的艺术.南昌:江西美术出版社,2001.378

2　王振复.宫室之魂[M].上海:复旦大学出版社,2001.144

插图 23　江天禅寺何等气派的大雄宝殿

桌、香案、左右的钟鼓摆设,梁枋上悬挂的幡帐、吊灯等等,加上红蜡烛和丰富的供品,组成了一个五彩缤纷的室内环境。这一切,象征着佛教天国的繁荣富华,与殿外清幽的环境形成了强烈的对比。人入其内,仿佛一下子来到了天上佛国。总的说来,镇江传统建筑中殿堂的雕饰由内及外,上下左右,均调停有序,布局得体,与构件本身的形式功用结合,获得了建筑空间整体装饰效果的协调。装饰丰富华丽的,不显繁琐;刻画简洁朴素的,能见匠心。

建筑实体中,墙是构成房屋形态的基本要素。同时,它又是组织建筑室内外环境空间的重要手段。它以不同的长短、曲直转折、虚实、断续等形态组合,加上简繁、素丽、精粗、雅俗等的壁饰变化,通过围合、分隔、屏蔽、穿透、延伸、界栏、借托、映衬等展现方式,营造出千姿百态、景象纷呈的室内外空间环境,取得实用和审美双重效应。院墙高筑是镇江传统民居的一大特色,但这种封闭只是部分的、相对的封闭,人们常常在高大的院墙上透雕出形式多样的花窗,使得原本单调、死板的围墙变得生动透气起来,成为环境空间靓丽的审美因素。马头墙在江南传统民居中十分常见。镇江传统建筑中,马头墙多呈折线形。它们或三峰,或五峰,层层跌落,线条流畅,手法简练。大市口北侧的四箴里和正东路 178 号的辅玉新村两处民居为民国时期所建,马头墙造型为猫弓腰式,又称观音兜式,与整个山墙连成一体(插图 24)。马头墙恰给人以奔腾美:有的直接以青砖堆砌,与下面的墙体连成一个整体；有的刷以白色，黑色瓦脊点缀其上，简洁明朗的造型、匀齐对称的节奏和韵律，强化了建筑的运动感，显示出生机勃勃的活力。影壁，也称照壁，是设立在建筑大门里面或外面的一堵墙，具有一定的屏障和装饰作用（插图 25）。传统民居大门两侧的影壁大多以青砖建造，壁面上一般不抹灰，壁身简洁，很少雕饰。定慧寺山门后的影壁为2000 年重新修建。壁顶采用房屋屋顶的作法，屋脊两端饰螭吻，屋檐下饰斗栱。壁身为石作，中间大影壁中心开光刻“庄严国土”，反面刻“礼敬诸佛”，四个岔角雕植物花卉图案。两侧小影壁呈“八”字形，中心开光刻二龙戏珠，四个岔角则雕云龙图案。作为仿古建筑装饰，此影壁尽管在雕刻工艺上远不及古代，就整体效果来讲，与周围的古建筑还算协调统一。各种形式的影壁作为进门的第一道景观，所围成的转承空间及造成的视觉效果，见情见致，有韵有味。墙本是很简单的建筑结构，俯看一线，正看一面，但在中国传统建筑中的运用却变化多端，形式不一，组成的空间也各具特色。

插图 24　镇江民国时期民居马头墙造型为猫弓腰式（观音兜式）

（三）建筑雕饰的图案设计

镇江传统建筑雕饰中，图案设计灵活多变，不同的部位、不同的构件、不同的雕饰形式往往采用不同的图案设计方法，千变万化，各显风采。由于材料和构件的特殊性，除局部构件可以雕为立体图像外，平面图案是镇江传统建筑中砖、木、石雕和彩绘的基本形式，图案包括单独纹样和连续纹样两大类。它们各有组织形式和基本骨法，为民间艺匠们灵活熟练地运用。

插图 25　大路镇王氏民居宽大的影壁

镇江传统建筑雕饰中的单独纹样，常被置于传统建筑的门罩、地栿、格扇上，主要表现人们喜闻乐见的民间故事，如鲤鱼跳龙门、刘海戏金蟾、麒麟送子、龙凤呈祥等。工匠们

插图 26　大路镇张豹文民居中栏杆木雕

刻出或圆形、方形或椭圆形开光，使图案与之相适合（插图 26）。建筑彩绘中，龙的单独纹样较多，其灵活多变的形体特征，便于应对不同的外围轮廓。连续纹样的题材更加丰富，有卍字纹、卷草纹、方胜、花卉等。单独纹样和连续纹样的布局有繁有简，有疏有密。连续纹样通常作为单独纹样的底纹，分置点缀在单独纹样的周围，一方面使图案在形式上更富于装饰美感，另一方面，往往构成新的吉祥寓意。

镇江传统建筑雕饰中，通常将所要表现的主题形象放在图案中心部位，使其醒目突出，有的还增大形体进行强调，选择生动的造型或截取对象最完美的部分。镇江传统建筑雕饰中常出现纹样相似、造型上稍有变化的现象，“在民间传统艺术中，内容相同，纹饰互用，造型大同小异正是它典型的艺术处理方法，是民间传统艺术中最主要的一个基本特色”。[1]比如，龙的形象在镇江传统建筑中运用较多。聪明的工匠利用龙伸展自如、灵活多变这一造型上的特殊性，发挥自己丰富的想象力，创作出了各种不同的龙的形象，塑造出体形有别、面目各异、蜿蜒生动的龙姿。镇江传统建筑上常常会雕刻一些陪衬物体进行填充、连接、点缀。如强化文人主题的“书卷”用彩绸捆扎，寄托“禄”主题的“鹿”用松柏作映衬。这些不引人注目的装饰，强化了主题并与主体形象融为一体，使图案变得更加丰富也更加完美。

1　符永才．民间石窗艺术［M］．北京：人民美术出版社，1999.16

三、镇江传统建筑及其雕饰的生成背景

每个时代的建筑都有自己独特的风貌,每个地方的建筑都有自己的特点。各代文化有传承,各地文化有交流,建筑因此千变万化。镇江的地理位置、人文氛围、经济条件及外交情况等种种因素,都对传统建筑及其雕饰产生了重要的影响。

(一)山水文化

镇江水路交通便利,历代文人墨客在镇江登山临水,创作出大量吟诵当地山水美景的诗篇。李白曾在京口作诗《永王东巡歌》和《焦山望松寥山》。张祜写镇江的诗更多,如《题润州金山寺》、《登金山寺》、《题润州甘露寺》、《题金陵渡》等。据记载,苏东坡曾十一次到过润州,润州的山水激发了他的创作激情,写下了《游金山寺》、《自金山放舟至焦山》和《甘露寺》等诗篇。宋代伟大的科学家、政治家沈括,晚年结庐京口,筑"梦溪园",并在此撰写了著名的《梦溪笔谈》。米芾也喜欢镇江的水光山色,并曾结庐于北固山下,名"海岳庵"。他题多景楼为"天下第一楼"并赋诗赞咏其景色。南宋著名爱国词人辛弃疾在镇江任知府时,曾写过优秀的词章《永遇乐 · 京口北固亭怀古》。陆游写过《水调歌头 · 多景楼》。朝鲜著名诗人李齐贤游历江南时,第一个逗留的城市便是镇江,留下了《金山寺》、《焦山》、《多景楼雪后》等多篇诗文。明、清古典小说和历史故事中,也有对镇江名胜古迹的描写。如《水浒传》里就有"张顺夜伏金山寺,宋江智取镇江城"的章回。《西游记》、《说岳全传》、《聊斋志异》、三言二拍等小说,还有"白娘子水漫金山"、"白龙洞暗渡断桥相会"等情节离奇、引人入胜的传说。这些文学作品,使镇江的山川平添了神奇的魅力。

俗话说:"天下名山僧占多。"佛教的诵经修行需要远离尘世,避开喧哗,打坐静思。道教虽不等于道家,却强调远离凡俗,在深山潜修。镇江的传统宗教建筑,不管是佛教寺庙,还是道教"洞天福地",都选址在风景怡人的僻野山林或环境清幽的奇峰险谷之际。镇江特殊的地理位置与气候特点造就了理想的山水人文环境,为宗教建筑在镇江的形成和发展提供了可能和条件。事实上,"宗教建筑与山岳的结合并不是偶然的事情。最初的佛教不允许僧人从事劳动生产,而主要依靠托钵化缘乞食为生。但这种制度传到以农业经济为基础的中国则行不通了。僧侣们不可能完全不务农事,不劳而食。因此,早在南北朝时期,佛教寺院便拥有本寺院的农田,开始经营农业……随着佛教的发展和僧人数量的增多,民间开始出现大量自建的寺庙,这些寺庙为了不与城市争夺土地,多向远离城市的山林发展”[1]。镇江的佛教寺院和道教宫观进入山林,不但获得了理想的环境,同时也使山林得到了开发,建筑本身得到了升华。

(二)经济环境

早在三国时期,京口就已成为当时江河交汇点上的商品集散中心和东西南北交通枢纽。除唐末五代之交,从六朝到宋初,镇江社会秩序相对稳定,农业、手工业及商品经济都获得了相当的发展。有明一代,大运河南北畅通,镇江依然是一个重要的口岸,加上明代资本主义工商业的萌芽,镇江的工商业得到了空前的发展。第二次鸦片战争前,镇江一直是江南地区漕运、贡运的必经之地,是南北货集散地和长江中下游物资中转港。镇江正式开埠后设立海关,外商洋行接踵而至,国内各帮客商也纷纷来镇江设行交易。商旅往来频繁,镇江地区转运的货物日益增多,镇江成为更为重要的货物集散中心。其中,外侨运来大量洋货销售并由此转口,同时收购土特产品,南北货转销于外,从客观上促进了镇江贸易的繁荣。“镇江经济的特点一向是农村比较贫瘠而城市显得特别繁荣,而这种繁荣则主要体现在它的商业贸易方面,因而镇江素以商业著称。”[2]濒临长江的西津渡街、小码头街民居群、杨家巷民居群以及小营盘民居群,就是在这样的地理位置上,在这样的经济基础上形成并发展起来的。客流量的增大,使得客栈、旅馆、浴室、茶房、酒肆等服务行业应运而生。各地乡友为互通信息和住宿以及堆放货物的便利兴建了大量会馆、公所等建筑。

19世纪末到20世纪初,随着镇江口岸的地位下降,其经济日趋衰落。首先是地理优势的丧失。第二次鸦片战争以后,汉口、九江、芜湖、南京等开埠通商的口岸日益增多,原先必须经镇江中转的货物被分流。加上京汉、津浦、沪宁铁路建成通车,贸易线路改变,镇江的商业贸易遭受到沉重的打击。另外,由于连年内战,大运河年久失修,局部区段断航。以上这些,使镇江商贸江河日下。近代,随着交通形势的变化,镇江商业日趋萎缩,许多当年蓬勃发展的贸易逐渐力不能支,相继收歇。有些资力的商行,往往辗转其他城市发展。镇江的近代工业虽在清末就已开始创建,大都因资金少,规模小,很难成为镇江经济发展的支柱。开埠虽使镇江成为一个大都市,但这种繁荣是在帝国主义国家把镇江彻底地纳入到整个世界经济体系的过程中形

1　楼庆西.中国古建筑二十讲[M].北京:生活 · 读书 · 新知三联书店,2001.114

2　戴迎华.论近代镇江经济衰落的原因[J].江苏理工大学学报(社会科学版),2000(2):9

成的,因而,它的经济发展是畸形的,不是独立的。另一方面,镇江虽是一个水陆交通要津,但其四周多丘陵山地。因此,在经济生活中占重要地位的农业生产基础相对薄弱。

作为物质而存在的建筑,经济是其发展的必要条件。明清时期的镇江,商品贸易发达,经济繁荣,此时的建筑及其雕饰,做工考究,雕刻精致,借以显示建筑的重要地位和主人的权势财力。磨砖门楼上,砖雕、石雕题材内容丰富繁多,雕镂精致,几乎将平雕、浮雕等多种手法全部运用了起来。进入大门,走廊上的栏板、厅堂的格扇花窗上,满眼是刻工精美的木雕,不仅可见民间艺人的匠心,也反映出主人的情趣爱好。近代镇江经济衰退,建筑极少装饰。另外,镇江经济的繁荣主要从商品贸易中显示,来此地经商的多是外地人,镇江本地区居民经济条件一般,传统民居建筑往往简洁质朴,不作过多的雕饰。

(三)开埠契机

镇江开埠通商,虽带有屈辱的一面,却为镇江建筑的发展带来极为难得的契机。从1864年起,英国政府首先在镇江的云台山麓建起了领事馆。此后,西式建筑如雨后春笋般地在镇江出现。众多的西式建筑以其区别于中国传统建筑的结构形式和装饰手法,打开了镇江人的眼界,使他们看到了世界建筑文化别样的风格。中国历史上历来认为夷卑夏尊,抱有华夏文明中心论的思想,否认其他民族的文明价值,否认向其学习的必要性。1840年鸦片战争之后,华夏文明中心论逐渐被瓦解,西学东渐。起初,中国人是在被动和屈辱的状态下接受西方文化。近代先进人物很快认识到向西方学习的必要性,当西洋建筑出现在镇江时,镇江人并没有抱残守缺,故步自封,而是以积极主动的姿态,借鉴西式建筑中合理的装饰因素,灵活地运用到传统建筑中来,于是出现了大量的仿西式、中西结合式建筑。这是镇江传统建筑的一大特色。

除了镇江人开放的文化观念,当时的社会大环境也对镇江建筑业的发展起了一定的催化作用。梁思成先生在谈到清末中国建筑的情形时写道:“最后至清末,因与欧美接触频繁,醒于新异,标准动摇,以西洋建筑之式样涌入都市,一时呈现不知所从之混乱状态。于是民居市井中旧建筑之势力日弱”,到民国时期,“殆欧美建筑续渐开拓其市场于中国各通商口岸,而留学欧美之中国建筑师亦起而抗衡,于是,欧式建筑之风大盛”。[1]另一方面,清政府在推行“洋务运动”期间,曾数次派留学生到法国学习“房屋制造法”。20世纪初,一些优秀青年赴国外高等学府学习建筑设计和土木工程。这批起点高、

1 梁思成.梁思成文集[M]:第三册.北京:中国建筑工业出版社,1982.14

造诣深的建造设计人才于20年代起先后回国，带来了世界最新的建筑理念、建筑技术与艺术、建筑设计方法等，有的甚至在大城市里办起中国人自己的高级建筑设计机构。在这样大环境的影响下，镇江人对西式建筑的采纳、吸收和运用显得顺理成章。建筑的交流同经济文化的交流一样，无时无刻都存在着。西式建筑进入镇江，丰富了镇江建筑的类型和样态。

下 篇
镇江传统建筑及其雕饰艺术寻访

一、街坊民居

镇江现存传统民居多建于清代和民国时期,一类是典型的合院式,另一类则是中西结合式或仿西式民居。市区的传统建筑都分布在大大小小的巷弄里,除了一些具有代表性的民居得到保护外,许多老房子都面临被悉数拆除的命运,地处乡村的老宅更得不到积极有效的保护而日渐衰败。

(一)老 城

1. 老街坊

古代以五家为“邻”,五邻为“里”,“里”是街坊的意思。始建于明、清时期的小码头街民居群由相当多的“里”构成,并作大面积规划,东西走向长达500米,街宽3米。由于当时此地临近码头,商贾云集,

图1　布局有序的小码头街民居群

图2　长安里过街楼上住人家，楼下是通道

会馆林立，商户相继在此建造房屋，这些民居均为“目”字型四合院(图1)，排列整齐，井井有条。

长安里由广东巨商卓翼堂所建，过街楼上有住家，楼下是通道(图2)。从大门望去，路两侧分立着典型的徽派建筑，层层跌落的风火墙高高耸立。长安里附近是德安里。德安里建于清末，大门为中西结合式(图3)，青砖清水砌造，券门和线脚用红砖镶边，楼上有阁楼。吉瑞里紧临德安里，建于1914年，“里”门由青砖砌成，拱门型制(图4)。

“里”作为市民曾经共同居住的地方，保留着历代人生活的痕迹(图5)。

大西路一带濒临西津渡，民国时期靠近沪宁铁路，因此成为镇江的繁华地带，达官贵人们纷纷在这里购地建宅。当时，徽商是经商人的榜样，徽派建筑理所当然成了追慕者效仿的目标。于是，镇江市西区竖立起一座座徽式建筑。如今，这些古朴的徽派民居分

图 4　吉瑞里

图 5　"里"作为市民共同居住的地方，保留着历代人生活的痕迹

图 3　德安里中西结合式大门

布在大西路犹如迷宫一样的巷子里。大西路的里巷是镇江目前保存最完好的里巷群。

从大西路走进薛家巷，这里曾有位以郎中为业的道士，名薛阆仙，由于医道精良，前来求医的人络绎不绝，此巷因其姓氏而得名。

从薛家巷拐弯来到九如巷。九如巷是镇江最长的一条巷子，长达 862 米。它得名于《诗经 · 小雅 · 天保》："如山，如皋，如冈，如陵，如川之方至，如月之恒，如日之升，如南山之寿，如松柏之茂"。九如巷内的徽派建筑形成于清代，保留得比较完整，马头墙高高耸立，看上去很有气势。

走出九如巷，便来到同鑫里，清末商人李、于、张三姓曾居住于此。为祈盼生意兴隆，取名同鑫里。同鑫里分东西两排，中间有走道，巷口建仿西式大门，山墙置五峰压顶风火墙（图 6）。

走出同鑫里，来到清真寺街，再走过新建的宽大马路，便是残存的山巷。从山巷走入皮坊巷，此巷内曾经有制革作坊。拐弯来到大夫桥，相传早年有名医乔大夫居此，宅前有三块石板旱桥。走过大夫桥，到万家巷，据说清乾隆年间，万姓在此巷口开铜锡店，故名万家

图 6　同鑫里的巷子院墙高大

图 7　宽大的大龙王巷

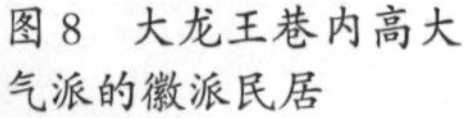

图 8　大龙王巷内高大气派的徽派民居

巷。从万家巷走入宽大的大龙王巷，此处原存一座龙王庙，巷因庙而得名(图 7、图 8)。

大龙王巷朝南，有节约巷。此巷原名节孝祠巷(图 9)。雍正元年(1723)，云台山麓建有节孝祠，又名贞节祠，乾隆二年(1737)，由 97 家捐立牌坊，上刻节孝姓氏，并立有碑记，屡修屡毁；同治九年(1870)移建于此巷。巷因节孝祠得名，1953 年改名节约巷。汉白玉碑石嵌于约 100 米左右的旧砖墙内，汉白玉碑石正文为阴刻文字，行楷、隶书皆有。碑石正上方是饰以龙头水纹的“圣旨”额石。节孝祠石坊碑年久失修，毁废颇多(图 10、图 11)。现为镇江市文物保护单位。

沿大龙王巷，走入吉康里。曾经居住在这里的卓姓为求吉利，将此处命名为吉康里。吉康里的大门为民国时期镇江盛行的中西结合式，门两边立廊柱，券门上刻“吉康里”，上设过街楼(图 12)。

从吉康里来到民国春街，此地曾有民国春菜馆。民国春街朝北通三元巷，此巷取“三元及第”之意命名。

小白龙巷在民国春街附近。民国初年，此巷内设有小白龙救火会，俗称小白龙巷。走出小白龙巷，到小街。从小街西面走进幽深的同兴里，清末广东人徐姓在此开设同兴鸡鸭行，此处故名同兴里。同兴里连接染坊巷，巷内有一古井(图 13)。

吉庆里在京畿路北侧，由广东卓姓巨商

图9　节约巷内古民居马头墙层层跌落

图12　吉康里西式大门上有过街楼

图10　节孝祠碑刻被镶嵌在节约巷墙壁上

图11　节孝祠碑刻因年久失修颇多圮废

的街坊，占地约 15 亩，为典型的“目”字型临街穿堂式四合院。整个

图 13　染坊巷狭窄的巷子

于清末民初时所建。民居两行四进，规整对称，青砖院墙高筑，上有镂空花窗(图 14)。

位于大西路中段的杨家巷民居建于清代，逐渐扩建形成了现在的街坊，占地约 15 亩，为典型的“目”字型临街穿堂式四合院。整个建筑群四进八行并列，巷道四通八达。大杨家巷 15 号民居砖雕门罩保留完整，海棠形开光内雕刻两只凤凰衔向日葵(图 15)，上额枋 4

图 15　大杨家巷 15 号民居砖雕门罩

个方形开光刻回纹；下额枋“一块玉”雕刻三个大小不一的花瓣(图 16)。门罩两块枕石，中间正圆开光内刻凤凰和麒麟，四角刻蝙蝠祥云(图 17)。头进大厅设船篷轩，鹰嘴支撑的冬瓜梁上雕刻花草图案，檩下置花替(图 18)。

图 14　吉庆里

图 16　大杨家巷 15 号民居门罩下额枋“一块玉”雕刻三个大小不一的花瓣

图 17　大杨家巷 15 号民居门楼枕石雕刻凤凰和麒麟

图 18　大杨家巷 15 号民居头进大厅船篷轩

图 19　荣庆里青砖墙高大幽深

靠近西门桥古运河边有一片古代建筑群，清末苏北沙头殷姓在此建房，为求吉利，取名“荣庆里”。巷内建筑青砖砌成，高低起伏的马头墙虽已斑驳，却见出当年的气势（图 19、图 20）。荣庆里 11–1 号民居大门上，两块挂牙上的人物砖雕极为传神，简单的几刀将人物的表情传达得有情有趣，如儿童画一般天真烂漫（图 21）。

中华里与荣庆里隔河相望，建于 1936 年，因主人在中华路有房产而得名。中华里前后有两排建筑，前排建筑拐角的下部为弧形（图 22）。房子的墙角一般是直的，如果走路不小心碰撞，直的墙角可能会让你头破血流，弧形的墙角就不会造成如此后果，我们不禁赞叹古人细心的设计。

大西路这一带的民居基本上属于徽派建筑风格，青砖堆砌高大的外墙，马头墙错落起伏，建筑雕饰远不及徽派建筑那般华丽精致，只在简洁中见出古朴。这正是镇江传统民居的特色。近代民居建筑中采用了部分西洋建

图 20　荣庆里古民居高低起伏的马头墙

图 21　荣庆里 11-1 号古民居挂牙上人物砖雕简约传神

筑的装饰因素，为镇江地区的传统建筑带来异域之风。遗憾的是，这些代表了镇江地方风格的传统民居并没有得到很好的保护，很多建筑年久失修，部分老宅被水泥粉刷，民居内部被改建得乱七八糟，大多失去了原有的旧貌。

2. 张云鹏故居

张云鹏（1900~1958），镇江名医，出生于中医世家，其故居位于镇江市区仓巷 69 号，建于清光绪年间，四进三开间，占地近 600 平方米。整座建筑为砖木结构，坐北朝南，庭院宽敞，布置精巧，院内多有搜集得来的砖、木、石雕，富有江南民居灵秀之气。大门青砖砌筑，两旁围墙上有十个镂空花窗。入大门，第一进是个小院，迎面青砖墙上设砖雕“福”字，墙脚下筑一长方形鱼池（图 23）。左侧建

图 22　中华里弧形拐角的民居

图 23　张云鹏故居第一进小院墙上砖雕“福”字

一雅室，内存古玩字画，木格扇门上刻各式花草图案。小院右侧磨砖大门简洁大方，门前一对古拙的抱鼓石。穿过磨砖大门，进入一方小天井，左侧同样设雅室，木格扇门保护得尤其完好，其上雕刻各式博古，剔地干净利落，刻工精细(图 24、图 25)。沿右侧回廊进入豁然开朗的庭院(图 26)，走廊一侧是齐腰高的木栏杆，栏板上分别雕刻《八仙过海》(图 27，彩图 15)和博古图(图 28)。庭院左边开圆形门景，置木雕花格屏风，一丛芭蕉从花格后透出(图 29)，屏风格心上同样雕有八仙图案，线条简洁(图 30)。庭院内有方形石桌和四个圆形石鼓凳，桌腿上雕精细的仙鹤祥云，鼓凳上刻花卉卷草(图 31，彩图 16)。第三进大厅为昔日就诊所用之地，木格扇门窗保存完好，裙板雕各式博古图(图 32、图 33)，暗红色家具和卷轴书画使厅内氛围雅致(图 34)。正房两侧分别为书房和卧室。

1995 年，张云鹏的两个儿子张松本和张松祥用个人资金对老屋进行了全面修缮。2000 年，张云鹏故居被联合国教科文组织评为亚太地区文化遗产保护杰出项目奖，成为中国除香港外当年获此殊荣的唯一项目，也是中国大陆第一次获此殊荣的古建筑，目前为江苏省文物保护单位。

图 24　张云鹏故居耳房一排传统木格扇门保存完好

图 25　张云鹏故居耳房木格扇门雕刻博古尤其精细

图 26　张云鹏故居内布置精巧的庭院

图27　张云鹏故居庭院内木栏杆栏板上雕刻八仙过海

图 28　张云鹏故居庭院内木栏杆栏板上雕刻博古

图 29　张云鹏故居内圆形门景

图 30　张云鹏故居庭院内屏风结子雕八仙图案线条洗练

图 31　张云鹏故居庭院内石桌和石鼓凳

图 32　张云鹏故居第三进大厅木格扇门窗保存完好

图 33　张云鹏故居第三进大厅格扇门裙板雕博古图

图 34　张云鹏故居大厅内暗红色古典家具和卷轴书画尽显朴素雅致

3. 蒋玉书寓所

蒋玉书寓所位于镇江市区第一楼街 47 号，始建于清朝。整栋建筑全部青砖堆砌，院落围墙高筑，对外不设窗（图 35），大门对外非常简朴，门前青砖路见出年代的久远（图 36），大门反面设素罩（图 37）。正房朝南一进三开间，堂屋六片格扇一字排开，裙板雕刻湖石花草，线条曲折流转，流畅挺括（图 38）。两侧厢房青砖砌槛墙，木格花窗。宅院显得古朴雅致（图 39）。现为镇江市文物保护单位。

图 35　蒋玉书寓所院落围墙高筑

图 37　蒋玉书寓所大门反面设素罩

图 36　蒋玉书寓所大门前青砖路磨得发亮

图 39　蒋玉书寓所两侧厢房

图 38　蒋玉书寓所堂屋格扇

图 40　周少鹏故居格扇裙板雕刻植物花卉

4. 原周少鹏公馆

周少鹏公馆位于镇江市区宝塔路横街 97 号，坐北朝南，前后四进，青砖黛瓦，进深全长达 50 米，有三、五峰压顶风火墙，内部建筑雕饰华丽（图 40）。一、二进朝东另设门，为平房，三四进均为两层楼。现为镇江市文物保护单位。周少鹏，清宣统二年（1910）英商亚细亚火油公司买办。

5. 原李公馆

李公馆位于镇江市区宝盖路 119 号，建于民国时期，为李姓富商建造的私人别墅。外墙高大，青砖堆砌（图 41）。进大门，为过道，跨仪门，见一座中西结合的建筑，中间突出为抱厦，东边是青砖砌成的中式墙体，西边是红砖砌成的欧式墙体，两边墙体都设有顶部为弧形的大拱窗（图 42）。李公馆现为镇江市文物保护单位。

6. 严忠婉旧居

严忠婉是爱国民族工商业者严惠宇的女儿，其旧居位于镇江市区九如巷 66 号，建于清末，平房两进七开间五厢房。此建筑原本属陈氏，后出售给严惠宇，进门后先入门房，过仪门，便看到一座漂亮的圆柱加拱券式西式门楼（图 43），拱券以红砖和青砖间隔围砌而成。拱券下方分列着方石，中间石额上刻着清末状元、大书法家陆润庠所

图 42　李公馆内中西结合的建筑

图 41　李公馆外墙高大

书的“露兰风菊”四字。圆柱两侧堆砌大块方石，颇为气派(图 44)。门楼右侧是一座中式门，门槛已被取下，两块枕石上雕刻精致的龙凤祥云图案，基座上分别雕笔、锭和如意，寓意“必定如意”(图 45)。地栿上的植物纹样简洁流畅。进大门，见一院落，东西墙为水磨青砖砌筑。正房坐北朝南，中式格扇门，裙板刻各式宝瓶和牡丹、荷花、菊花等四时花卉图案(图 46)。西式门楼左侧厢房的木格扇门上雕刻湖石假山和各式花卉。现为镇江市文物保护单位。

图 43　严忠婉旧居门楼

7. 原陈锦华公馆

陈锦华是近代镇江一位富商，20 世纪 20 年代于清真寺街 41 号建公馆。整栋房屋为高大的封闭式中西结合建筑(图 47)。大门很普通，入内是西式仪门，两根大石柱分列左右并以拱券连接，拱券上方镶中式建筑特有的长方形白矾石门额，中间雕刻“心许烟露”四个字，由清末状元、近代实业家、教育家张謇所书(图 48)。东面三进，西面二进。东厢房采用中式门楼，磨砖大门被封并抹上石灰(图 49)。东面头进大厅船篷轩下，冬瓜梁上

图 44　严忠婉旧居内西式门楼

图 45　严忠婉旧居内中式大门前枕石

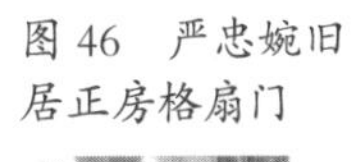

图 46　严忠婉旧居正房格扇门

图 47　陈锦华公馆院墙高筑

图 49　陈锦华公馆内已封闭的中式门

雕刻八仙图，梁头雕成象鼻，脊檩两侧蝴蝶木镂空雕刻，柁墩、平盘斗、替木均加以雕饰，是镇江传统建筑雕饰中难得的精品（图 50）。西厢房存两进房屋，后院地上铺有青石板，显露出当年奢华。陈锦华公馆作为中西结合的建筑，在镇江近代建筑中很具有代表性。现为镇江市文物保护单位。

图 48　陈锦华公馆内西式大门

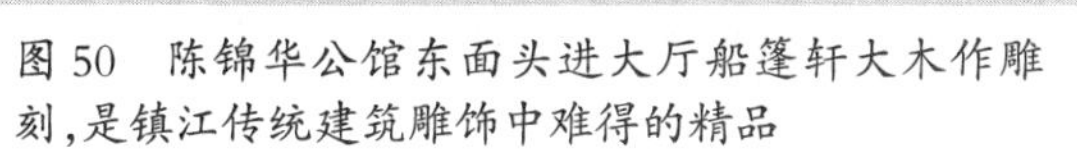

图 50　陈锦华公馆东面头进大厅船篷轩大木作雕刻，是镇江传统建筑雕饰中难得的精品

图 51　戴氏民居仪门反面清水磨砖垂花门雕刻基本损毁

图 52　戴氏民居第三进清水磨砖雕花门罩保存稍好

（二）镇江新区

1. 大路镇民居

（1）戴家村戴氏民居

戴氏民居位于东岳戴家村 22 号，始建于 1866 年。原房屋为五进五开间，现仅存三进三开间，后两进毁于火灾，目前仅有部分房间有人居住。大门正面很不起眼，仪门反面为清水磨砖垂花门，可惜大部分砖雕已毁（图 51）。第三进同样设砖雕门楼，文革期间用泥巴封住才得以保存，两个垂花柱头已毁（图 52）。檐下三层砖作，门楼字匾内刻“竹苞松茂”四个大字，两旁落款分别为“丁廷鸾”和“丙寅仲冬穀旦”。[1]左右兜肚内砖雕战争场面，上额枋雕梅、荷、菊等花卉，下额枋中间刻亭台楼阁和戏曲人物，两边刻画卷草花卉（图 53）。第三进正厅为二层楼房，木格扇门窗早已年久失修，裙板上雕“五福捧寿”，绦环板上刻暗八仙，简洁洗练（图 54）。厅前设船篷，象鼻和平盘斗造型简洁，一侧斜撑雕花被铲平，依然能看出生动流畅的雕刻线条，另一侧则保存完好，剔地非常干脆利落，简单的卷草花卉雕出了韵味（图 55）。

（2）孙家村戴氏民宅

戴氏民居位于东岳孙家村，建于 20 世纪 50 年代，两进三开间，二进砖雕门楼为挑出式，雕饰简洁，有

1　丁廷鸾是浙江嘉善人，曾在江苏无锡任知县，丙寅为清同治五年（1866）。

图 53　戴氏民居第三进门楼、字匾内刻“竹苞松茂”四字

图 54　戴氏民居第三进正厅木格扇门裙板上雕“五福捧寿”，绦环板雕暗八仙

图 55 戴氏民居第三进正厅前一侧斜撑上雕简单的卷草花卉流转生动

的砖雕已被铲除(图 56)。

(3) 戴南村戴氏民居

戴氏民居位于戴南村,房屋均已损毁,仅剩一座残破的清水磨砖门楼,其上砖雕整块被拆除,从非常整齐的切割可以看出,应是人为铲走。门额一块玉雕宝瓶祥云和琴、棋、书、画。檐下透雕花卉,深浅有别,雕刻到位。雕花门楼被毁至此,实在令人痛惜(图 57、图 58)。

图 57 戴氏民居残破的清水磨砖门楼

图 56 戴氏民居二进砖雕门楼其上砖雕已被铲除

图 58　戴氏民居门罩上的砖雕已被铲走

(4) 王氏民居

王氏民居位于薛港村前北族村 28 号,为三进五开间,堂号“亦政堂”(图 59)。第二进设清水磨砖雕花门罩(图 60)。字匾刻“忠厚传家”,左兜肚雕“魁星点斗”(图 61),右兜肚雕“指日高升”。上额枋正中刻福禄寿三星,两边分别刻喜鹊登梅、凤凰牡丹及荷花、菊花,其间以四组形态各异的砖雕梅花鹿间隔。下额枋一块玉雕麒麟蝙蝠,两边皆刻卷草团寿,两侧挂牙雕草龙捧寿(图 62)。整座门罩保存完好,雕刻古拙简洁并有很强的吉祥寓意。

图 59　王氏民居单峰马头墙

图 60　王氏民居第二进清水磨砖雕花门楼

图 61　王氏民居第二进门罩左兜肚刻魁星点斗

图 62　王氏民居第二进门罩两侧挂牙雕草龙捧寿

(5) 王氏民居

亦政堂附近另有一处王氏民居，堂号为“培远堂”，现仅存两进。仪门反面有刻画极其精致的砖雕，因为经历过火灾，门楼呈土黄色(图 63)。门罩分为上中下三个额枋，上额枋正中为福禄寿三星，两边各刻一组人物，各组人物之间以梅兰荷菊间隔。中额枋以剔地起突法刻连续的花卉图案。下额枋一块玉刻五只蝙蝠，两边是连续的卍字纹，其中两块刻有图案的砖雕被铲除。上束腰刻仙鹤缠枝卷草，下束腰刻连续的卷草图案。整个门罩雕刻工艺精湛，线条流畅，具有很高的艺术价值(图 64)。

(6) 徐氏民居

徐氏民居位于花园村，堂号为“宝善堂”，现存房屋三进五开间。第二进门罩非常简洁，几乎不作雕刻，有大小两个影壁，比较特别(图 65、图 66)。

图 63　王氏民居仪门
反面雕花门罩

图 65　徐氏民居第二进大影壁

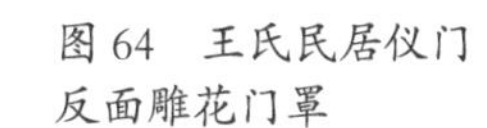

图 64　王氏民居仪门
反面雕花门罩

图 66　徐氏民居第二进小影壁

(7) 徐家大院

徐家大院位于花园村9队。三进五开间，大门正面只作挑檐(图 67)，反面是简洁的砖雕门罩(图 68)。门额正中为单纯的水磨清砖(图 69)，左兜肚刻菊花，右兜肚刻牡丹。上额枋雕三组卷草团寿图，下额枋一块玉雕梅花鹿和蝙蝠衔如意结，寓意福禄寿皆如意。

(8) 徐氏民居

徐氏民居位于花园村，堂号为“继善堂”，三进五开间。仪门反面为清水磨砖垂花门楼，字匾刻“树德务滋”，意为要多向百姓施好德，两旁为卷草团寿图(图 70)。

(9) 徐氏民居

徐氏民居位于花园村，房屋堂号为“树业堂”，目前仅剩两进，后面房屋已毁。第三进门罩屋顶已快塌陷，屋檐下有精美的砖雕(图 71)。汉白玉门楣上浅刻连续方胜纹。上额枋正中刻福禄寿三星，两旁分别刻人物

图 67　徐家大院朴素的外墙和大门

图 69　徐家大院大门反面门罩正中用水磨清砖

图 68　徐家大院大门反面简洁的门罩

图 70　徐氏民居“继善堂”门罩

图 71　徐氏民居“树业堂”雕花门罩

图 72　徐氏民居“树业堂”雕花门罩额枋砖雕人物

和花草，刻工单纯而古拙（图 72）。下额枋一块玉雕刻梅花鹿和仙鹤衔桃，两旁配连续卍字纹和人物，上下额枋呼应，寓意福禄寿（图 73）。

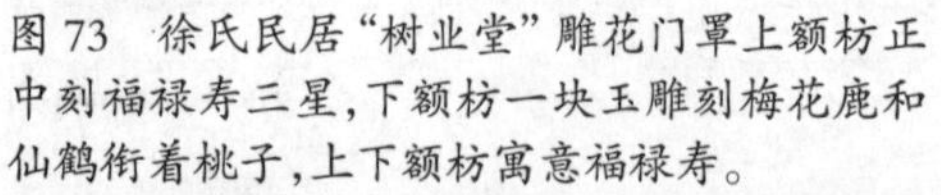

图 73　徐氏民居“树业堂”雕花门罩上额枋正中刻福禄寿三星，下额枋一块玉雕刻梅花鹿和仙鹤衔着桃子，上下额枋寓意福禄寿。

(10) 苏家大院

苏家大院位于大路镇街西南，始建于清代，距今约 200 年，为苏颂后裔的古宅。苏颂（1020—1101），字子容，北宋丞相，曾设计制造出世界第一的全自动水力机械天文台暨天文钟“水运仪象台”，此外，在医药学和天文学方面也有突出贡献。苏颂晚年辞官还乡，定居于镇江。史料记载，明成化年间苏颂后裔自京口东迁润东，于苏家桥定居，雍正十年老宅坍毁，部分子孙迁居大路镇并于乾隆年间重修祠堂，使苏丞相府家人重新集聚创业，道光十一年建东府，光绪十四年添西府，即今大路镇“耕读传家”苏家古宅大院。

图 74　苏家大院仪门反面雕花门罩

苏家大院墙院范围颇大，东西宽约 80 米，南北进深约 100 米，总面积在 2000 平方米左右，两进七开间，坐北朝南，目前住有 20 多户苏姓族人。老宅周围新建了不少瓦房，但从那高高风火墙却见出这座古宅的非同寻常。正门并不起眼，平面三开间水磨砖墙，侧屋呈八字凸起。入内，仪门反面为雕花门罩，虽然大部分已损毁，但从残留的砖雕图案中仍可看出当初精致的雕刻(图 74)。门额正中石刻隶书“耕读传家”四个大字，见出苏氏家族的优良家风。上额枋刻有凉亭人物，亭内灯笼高挂，旁边菊花、荷花、牡丹尽相开放，另一组人物周围环绕着大片祥云。中额枋砖雕破损严重，只剩下些亭台楼阁和车马，圆圆的车轮尚清晰可见。人物或全身，或半身被铲除，只有最左边一位完好，从穿着看，似宋代官员。下额枋砖雕已完全被铲除。汉白玉石门楣上雕四凤戏珠，左挂牙被新房所挡，右挂牙一半破损，应为草龙捧寿。整座门罩浅雕、深雕和透雕皆技艺精湛，表现淋漓尽致，是镇江建筑雕饰中的代表(图 75)。大门的抱鼓石相当漂亮，鼓面高浮雕凤凰牡丹浑厚凝重，外圈浅雕花草线条流畅，基座上刻小鹿、仙鹤和蝙蝠，寓意福禄寿，一丛丛的树叶极具装饰性(图 76)。

图 75　苏家大院仪门雕花门罩上残缺的砖雕刻工细致，亭台楼阁、人物花草、车马灯笼等一应俱全

图 76　苏家大院内抱鼓石雕刻繁缛而精美，实属罕见

苏家大院的整个建筑群包括厅、堂、楼，配套齐全，庭院深深，大厅右侧为书房，左侧小院墙壁上有保存完整的砖石雕花神龛祭台——“福祠”，取名“如在”，出自《论语》所谓“祭如在，祭神如神在”，两旁饰卍字纹。福祠分三部分：上为“神龛”，雕刻牡丹和仙人下凡，八只梅花鹿及两只吸乳小鹿姿态各异，左右回首呼应，异常生动；中为“供台”，可供焚香；下为火膛，可烧纸钱（图 77）。

图 77　苏家大院小院墙壁上的“福祠”

（11）陶氏民居

陶氏民居位于高墩子村陶家巷，三进五开间，堂号为“庆馀堂”。第二进雕花门罩保存完好，雕刻繁缛（图 78）。上额枋分别刻仙桃小鹿、浪花鲤鱼、喜鹊灵兽、太平有象、祥云仙人、蝙蝠麒麟、鱼跃龙门以及仙鹤祥云一系列吉祥图案，下额枋一块玉透雕连续梅花纹，两旁的人物雕刻已看不清楚，连续的卍字纹间穿插了梅、菊、桃和牡丹等各种花果树木。卷草纹的雕刻尤其生动流转，见出工匠深厚的雕刻功力。

图 78　陶氏民居“庆馀堂”二进雕花门罩

（12）郭氏民居

郭氏民居位于小港村郭家村 47 号，当地人称为九十九间半，实际只有四五十间，三进五开间，占地面积约 2000 多平方米，保存较好。从建筑风格和规模上说，郭氏民居在大路镇具有很高的代表性，建议政府采取紧急措施予以保留（图 79）。

郭氏民居大门为长 2 米左右的普通木门，入内，豁然开朗，双层垂花门式雕花门楼高大矗立，檐下三层砖作斗栱（图 80）。文革期间为免招破坏，整个门楼用泥巴封存，大部分砖雕已看不清楚，门额正中为“竹苞松茂”四个砖字，寓意家门兴盛。大镶边围裹字匾。门额雕刻如意、“必定如意”、方胜和铜钱等吉祥图案（图 81，彩图 19），雕刻工整精湛，见出工匠的功力。

两边厢房外墙上，宽大的照壁（图 82）分

图 79　郭氏民居建筑群外观

图 81　郭氏民居雕花门罩上精美的砖雕

图 80　郭氏民居大门反面双层悬柱式雕花门罩

图 82　郭氏民居内院两侧墙上砖雕

图 83　郭氏民居内院两侧正中梅花形砖雕备极精湛细致

图 84　郭氏民居内院墙四角刻卷草龙捧寿

别镶嵌一块约 2 平方米大小的梅花形砖雕，一块被盗，另一块局部有损毁，依稀看出有山水、亭台和人物，高低安排，错落有致，雕刻精致（图 83），四角刻卷草龙捧寿（图 84）。

目前，郭氏民居内各个房间或闲置，或堆放杂物，虽然盛况不再，但还能感觉到昔日的繁华。政府已派专人看护，并将全面修复老宅。

郭氏民居隔马路还有一座风格相当的建筑，体量稍小，因为拆迁，破损较严重。

（13）许氏民居

许氏民居位于许家弄 88 号，因为被新建筑遮挡，只剩下半个门楼暴露在外（图 85）。当年为免招文革破坏，用于保护砖雕的泥巴依然历历在目。门罩刻工相当精致，檐下三层磨砖构件保存完好，字匾内刻“恒谦履泰”，右边应是传说中的八仙，其间祥云流动，上额枋砖雕全被铲除，下额枋刻连续六边形图案，正中一支笔和一个锭寓意“必定如意”，两边是连续的卍字花草纹。右边挂牙刻猴子吃桃及仙鹤、梅花鹿，传达出主人对福禄寿的期盼（图 86）。

（14）张美富民居

张美富民居位于薛港村北分张 9 号，二进五开间，距今约 250 年。大门正面并不起眼，反面却是令人惊诧的精美雕花门楼，保存

图 85　许氏民居半个雕花门罩

完好，几乎没有损坏(图 87)。整座门楼高大气派，檐下三层斗栱，采用双层垂花门罩的形式(图 88)，门罩正中刻一帝王模样的人，两边有 4 个仆人(图 89)，左侧刻喜鹊登梅和凤凰牡丹，右侧刻仙鹤荷花，另一块砖雕被毁。门罩上的挂牙已坏。白石字匾上刻"百忍家风"(图 90)，四周镶以卷草纹，左右兜肚刻古代战争场面的人物和马匹(图 91)。上额枋正中雕刻屋内两老者在谈话，中间一人坐地上，屋外三个老者若有所思，桌椅板凳、人物姿态各有不同(图 92)。下额枋中间刻亭台人物，亭内灯笼高挂，人物动作夸张，屋外 4 人谈意正浓，非常生动(图 93，彩图 17)。两旁刻仙鹤祥云，布局很满。垂花柱头上的两只狮子采用高浮雕的手法，足见生命的张力，仿佛要从柱头上跃下来一样(图 94)。

第二进门楼并不高大，反面有比较简洁的砖雕。门额正中刻福禄寿三星，头顶上围

图 86　许氏民居门罩上的砖雕虽已残缺，依然能看出精致的刻工

图 89　张美富民居雕花门楼上帝王人物砖雕

图 90　张美富民居雕花门楼白石字匾上刻“百忍家风”

图 87　张美富民居大门反面精美的雕花门楼

图 88　张美富民居雕花门楼为双层悬柱式

图 91　张美富民居雕花门楼上雕人物战争场面

图 92　张美富民居雕花门楼上额枋人物砖雕

图 93　张美富民居雕花门楼下额枋人物砖雕

绕着蝙蝠祥云。左边是两只梅花鹿，右边是仙鹤祥云，都有所损毁，挂牙刻卷草龙捧寿（图 95）。

图 95　张美富民居第二进门楣雕饰简朴

图 94　张美富民居门楼垂花柱头上两只高浮雕狮子极具生命力

（15）树德堂雕花门罩

民居位于薛港村张家村 11 号，堂号为“树德堂”，目前仅剩仅门及门罩，砖雕损毁比较严重（图 96）。

（16）张豹文故居

张豹文故居位于宗张村宗张巷自然村。因为拆迁，四周已是一处废墟，由于古建筑爱好者的极力保护，才使得该建筑暂时得以保留下来（图 97）。张豹文故居雕花门罩堪称东方第一。笔者考察拍照以后，今年门罩被盗。

张豹文是清朝富商，此房距今约 100 年。从远处看，老宅并不起眼，走近才惊其美艳，高大的雕花门罩宽 2.5 米、高 5 米，几无缺失，砖雕和石雕精美之极（图 98，彩图 6、彩图 7）。上额枋正中是“天官赐福”（图 99），左

图 96　民居“树德堂”门罩

图 97　张豹文旧居建筑群

图 98　张豹文故居门罩

图 99　张豹文旧居门罩上额枋正中雕“天官赐福”

右两边雕喜鹊登梅、鸳鸯荷花和凤凰牡丹，全部用高浮雕手法（图 100）。清水磨砖匾额宽大气派，四角刻卷草花卉，大理石字匾上阴刻楷书“瑞霭盈门”四个大字，四周以连续回纹镶边（图 101）。下额枋正中高浮雕“福禄寿”三星和蝙蝠祥云（图 102），两旁人物雕刻有部分损坏（图 103）。两边门柱和门楣用白色大理石，地栿上雕刻线条流转的缠枝卷草（图 104）。影壁于门楼右侧，中央刻“鸿喜”两个大字，四角砖雕暗八仙，下两角砖雕已毁（图 105）。

张豹文旧居三进五开间，共 15 间房，结构完整。第一进并无特别之处，第二进大厅有粗大的柱子支撑，目前堆放着杂物。厅前设船篷，构件齐全，其上木雕精彩无比（图 106）。冬瓜梁上雕古代战争场面，城门、城楼、高山、树木、人物、马匹一应俱全，健硕的骏马和充满动感的人物造型刻画得尤其精彩。象鼻梁正中雕古代帝王人物，两头象鼻雕刻线条流畅，尽显憨态。蜀柱上雕牡丹和吉祥图案。花替和雀替都雕牡丹花，刻工极其精细

图 100　张豹文旧居门罩上额枋高浮雕喜鹊登梅、鸳鸯荷花和凤凰牡丹

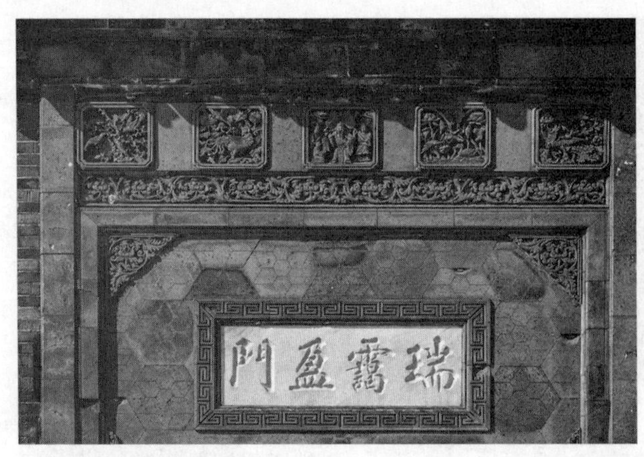

图 101　张豹文旧居门罩上大理石字匾

图 103　张豹文旧居门楼下额枋人物砖雕

图 104　张豹文旧居门罩大理石雕地栿和柱础

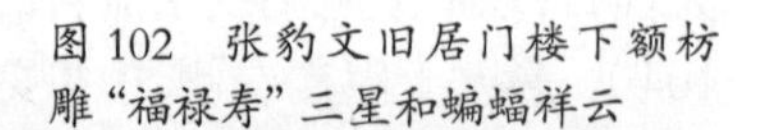

图 102　张豹文旧居门楼下额枋雕“福禄寿”三星和蝙蝠祥云

图 105　张豹文旧居门罩右侧影壁

图 106　张豹文旧居二进大厅前船篷

图 107　张豹文旧居二进大厅船篷上精彩的木雕

图 108　张豹文旧居第三进雨挞板木雕

(图 107)。第三进为二层楼房,一楼木格扇门罩和窗户基本保存完好,三面雨挞板木雕分三层,上层雕老鼠葡萄和蝙蝠卷草等吉祥图案,中层雕刻戏文故事、飞禽走兽和枝叶花卉,其下整齐地雕着成排流苏(图 108)。2013 年 3 月,张豹文故居门罩上精美的雕饰大多被盗,木梁架也遭人为锯损。

(17) 王氏民居

据《大路镇志》记载,王氏家族随宋室南渡,由山东迁居镇江大路,其后裔“王百万”是民国时期富豪,投巨资建造了九座一字排开的房子,均以“堂”称,目前存有王家弄 8 号的亦政堂、25 号的“有余堂”、48 号的“惇叙堂”、52 号的“屋伟堂”,王氏村民也多以“王百万”后裔自称。

“亦政堂”位于王家弄 8 号,共五进,仪门反面设挑檐式雕花门楼,檐下三层砖作,高大气派(图 109)。门楼上砖雕大部分已毁,下额枋最为完整,共三组砖雕(彩图 3),中间一块刻官员骑于马上,马雕刻精致,鬃毛刻出了飘逸的质感(图 110)。左右两块砖雕动物烂漫天真,两旁是连续花卉和卍字纹。卷草雕刻得自然饱满,圆润流畅,足见工匠的雕刻功力。挂牙上的两尾鱼刻画得非常有张力,把两条鱼完全刻活了(图 111)。

“有余堂”位于王家弄 25 号,共五进三开间,第一、二和五进为平房,第三、四进为二层楼房,第二进有敞厅,第三进二楼设大厅,保存较好。二进天井前设清水磨砖八字雕花门罩(图 112)。上下额枋砖雕全毁,中额枋保存较好,正中方形开光内刻两位人物,左右两边圆形开光

图 109　王氏民居“亦政堂”
仪门反面雕花门楼

图 110　王氏民居“亦政堂”门楼额枋上人物骑马砖雕

图 111　王氏民居“亦政堂”门楼挂牙栩栩如生的砖雕

图 112　王氏民居“有余堂”二进清水磨砖八字雕花门罩

内刻古代人物,分隔其间的四方连续梅花图案刻工极其精细,剔地干净利落,布局疏密有致,线条曲直有别。门楣一块玉刻连续六边形花卉图案,两边圆形开光内刻回头的梅花鹿,寓意“禄回头”。左右挂牙雕亭子、人物及仙鹤、鱼等,可惜大部分已损毁。门罩两侧是与门罩同高的清水磨砖影壁,枋上刻有二十四孝图之“戏彩娱亲”(图 113),还有“天官赐福”、“渔樵耕读”等图案(图 114)。影壁四角砖雕鱼虾水波纹。

图 113　王氏民居“有余堂”影壁上雕二十四孝图之“戏彩娱亲”

图 114　王氏民居“有余堂”影壁上人物砖雕

“惇叙堂”位于王家弄 48 号,建于乾隆六年,目前弃置无人居住。雕花门额由十块清水磨砖拼接而成,刻“孝恭锡类仁让树风”八个大字,左刻“暨甲子岁仲冬貊音堂题”,右刻“大清乾隆岁次辛酉律中大吕谷旦建制”,四周围以卷草花纹。屋檐一半坍塌,上额枋砖雕已毁,下额枋一块玉刻梅花纹,两旁是连续卍字纹,相同的图案刻出了不同的排列组合,很有匠心(图 115)。

“屋伟堂”位于王家弄 52 号,所有房屋均已毁,目前只剩下一座石雕门罩(图 116)。

图 115　王氏民居“惇叙堂”雕花门楼

图 116　王氏民居“屋伟堂”雕花门罩

图 117　孙氏民居“培善堂”雕花门罩

垂花柱头刻荷花卷草，额枋正中刻双龙捧寿，两边分别刻双凤捧寿和双麒麟捧寿。下枋雕刻的字很有意思，为“尚不愧于屋漏”。

（18）孙氏民居

孙氏民居位于武桥村孙家塘 50 号，堂号为“培善堂”。目前仅剩下一座雕花门罩，左侧被后建的平房所遮挡（图 117）。上额枋四块砖雕为渔、樵、耕、读，下额枋一块玉雕蝙蝠祥云（图 118）。

（19）赵氏民居

赵氏民居位于武桥村孙家塘 57 号，第二进反面为保存完好的水磨青砖雕花门罩（图 119、图 120），屋檐下三层砖作，垂花柱头刻荷叶莲蓬（图 121，彩图 24）。上额枋雕三个花瓶内伸出缠枝牡丹，简洁概括的

图 118　孙氏民居“培善堂”门罩砖雕

图 119　赵氏民居二进雕花门罩

图 121　赵氏民居二进雕花门罩垂花柱头

图 120　赵氏民居二进雕花门罩上砖雕

图 122　赵氏民居二进雕花门雕刻花卉等纹饰

图 123　赵氏民居二进门楼地栿石雕鱼水简括有力

图 124　田氏民居简朴的大门

花瓶和繁满的花藤形成了很好的对比。中额枋四组砖雕分别为梅花、菊花、荷花和牡丹，四周饰连续卍字纹(图 122,彩图 13)。下额枋一块玉刻梅花纹，两旁是连续卍字纹，穿插两个圆形开光的动物雕刻。大理石门楣刻方胜纹和卷草，两旁挂牙雕“鲤鱼跳龙门”。地栿刻鱼腾激浪，漩涡式的浪花极具装饰感，旁边是雕刻精致而整齐的连续花卉纹(图 123)。整个门罩雕刻精美繁缛，保存完好。

(20) 90 号田氏民居

田氏民居位于武桥村姜家桥 90 号，布局工整，一进进递入，现仅存两进。大门正面为为非常简洁的垂花门样式，几乎没有雕饰(图 124)，反面设清水磨砖门罩，两边是宽大的磨砖墙壁。虽然门罩和壁上砖雕几乎全毁，但从残存的现状依然能想象出老宅当年的气派(图 125)。宽敞的大厅内堆放着各式杂物。梁上有精美的木雕，蝴蝶木雕、山雾云雕流云纹，瓜式柁墩雕成卷叶，为镇江传统建筑雕刻中的精品(图 126,彩图 18)。厅前设轩，轩上雕刻简洁象鼻梁(图 127)。

(21) 142 号田氏民居

另一处田氏民居位于武桥村姜家桥 142 号，建于民国初年，老宅堂号为“培荆堂”，三进五开间，大厅彻上露明造，木柱粗壮，不作雕饰(图 128)。厅前是高大气派的清水磨砖垂花门式雕花门楼(图 129、图 130)，两旁是高大的磨砖墙壁。檐下三层砖作，枋上刻四组双鹤衔桃和祥云图案(图 131)。上额枋亭台人物和中额枋花鸟动物砖雕基本全毁，下额枋四组圆形开光内雕刻鱼和浪花(彩图 26)，造型有张力，旁边是连续卍字纹(图 132)。白石门楣中间刻荷花仙鹤，两旁各一个圆形开光人物雕刻，左边纹为刘海戏金蟾(图 133)。两侧挂牙雕鱼，损坏看不清全貌。垂花柱刻连续卍字纹，柱头透雕如意莲纹和动物祥云(图 134)。门前一对抱鼓石，地栿

图 125　田氏民居大门反面门罩及磨砖余塞墙

图 126　田氏民居大厅梁上木雕非常精彩，蝴蝶木、山雾云、柁墩尽作雕饰，是镇江传统建筑雕刻中的精品

图 127　田氏民居轩下柁墩与象鼻梁雕刻简洁

图 128　田氏民居
“培荆堂”大厅

图 129　田氏民居大厅前
高大气派的雕花门楼

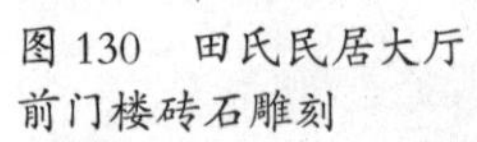

图 130　田氏民居大厅
前门楼砖石雕刻

图 131　田氏民居大厅前门楼檐下双鹤衔桃和祥云图案砖雕造型精美

图 132　田氏民居大厅前门楼额枋上砖雕

图 133　田氏民居前门罩门楣石雕细腻，砖枋圆开光内鲤鱼腾跃有力

分别刻鹿和鱼。

第三进设门罩，额枋上四个圆形开光内分别雕梅花、菊花、荷花和牡丹，两旁饰连续卍字纹。上额枋图案雕刻尤其繁简相济，详略得当，很有功力（图 135）。下额枋雕规整精致的梅花铜钱纹。门口置方形抱鼓石，一面刻衔着桃子的仙鹤和祥云，一面刻麒麟、笔、锭和如

图 134　田氏民居门罩垂花柱头

图 136　田氏民居第三进门罩下门枕石

意，寓意“必定如意”（图 136）。

(22) 田为新民居

田为新民居位于田家桥 98 号，三进五开间，堂号为“贻谷堂”。第二进反面设清水磨砖垂花门式雕花门罩（图 137）。垂花柱和上额枋砖雕已毁，字匾内“耕读传家”四个大字也被铲平，下额枋高浮雕狮子戏绣球。白石门楣浅雕方胜纹和卷草纹，方胜正中刻笔、锭和如意，寓意“必定如意”（图 138）。门口一对门枕石，各面非常简约地雕了一只小鹿。石地栿刻竹子、梅花、仙鹤衔桃和麒麟祥云等吉祥图案（图 139）。

(23) 田为仁民居

田为仁民居位于田家桥村 173 号，堂号为“乐善堂”，破损严重，只存第一进放杂物。仪门设雕花门楼，字匾内“耕读传家”四字可见，其余或毁，或用白石灰封护（图 140）。

(24) 田氏民居

田氏民居位于田为仁旧居附近，堂号为“树德堂”，屋主人和田为新、田为仁是三兄弟。此宅损毁最为严重，目前只剩下一座残破的雕花门罩，恰恰是这座鲜为人知的门罩，大量镂雕为镇江建筑雕饰中绝少见到（图 141）。

树德堂门罩上砖雕全部采用高浮雕和透雕的手法，这在镇江古建筑雕饰中绝无仅有。虽然有一半的砖雕被敲毁，残存的一半已着实让人惊叹，仙鹤祥云质朴古拙，狮子仿佛要从门楼上冲下一般，整座门楼真力弥漫，充满了艺术的想象力，是镇江地区雕花门罩中难得的珍品（图 142）。

(25) 肖氏民居

肖氏民居位于王家村 24 号，三进五开间，青砖墙高大幽深（图 143）。天井内的雕花门罩（图 144，彩图 9）采用双层垂花门样

图 135　田氏民居
第三进门罩

图 138　田为新民居二进门楼上砖雕

图 137　田为新民居第二进清水磨砖垂柱式雕花门罩

图 139　田为新民居二进门楼地栿石雕

图 140　田为仁民居门楣字匾雕“耕读传家”

图 141　田氏民居“树德堂”仅存门罩

图 142　田氏民居“树德堂”门罩高浮雕与镂雕砖饰

图 143　肖氏民居
高大的青砖墙

图 144　肖氏民居天井
对面气派的雕花门罩

式，檐下三层砖作，额枋上砖雕基本毁尽，宽大的清水磨砖匾额中心是梅花形开光，开光内砖雕损毁，四角雕卷草花卉，剔地干净利落。白石门楣正中高浮雕双狮戏绣球，两旁雕是琴、棋、书、画和如意等博古图案，均采用高浮雕手法(图 145)。门楣底面刻“五蝠(福)捧寿”(图 146，彩图 10)，工整兼得缠卷灵活，极为少见。地栿刻梅、兰、竹、菊和插了三支戟的瓶子，寓意“平升三级”，具有非常独特的平面装饰美。

第二进为两层跑马楼，木格扇门窗保存完好(图 147)。雨挞板上的木雕尤为精彩，分别雕空城计、群英会、长坂坡等古典故事。其中一段雨挞板雕刻五只形态各异的大象生息于草木威芜的山林之间，大象身上雕圈圈的线纹极具装饰感(图 148，彩图 29)。整个雨挞板木雕，亭台树木掩映，人物高低有别，动物呼之欲出，线条曲直变幻，刀法圆润娴熟，是镇江古建筑雕饰中极为少见的优秀作品(图 149、图 150，彩图 28、彩图 30)。

(26) 赵家村民居

赵家村 26 号民居，民国初建筑，门楼较简洁，基本没有雕饰。

图 145　肖氏民居门楼上砖雕

图 146　肖氏民居石门楣底面刻“五蝠(福)捧寿”

图 147　肖氏民居楼房雨挞板和木格扇门窗保存完好

图 148　肖氏民居楼房雨挞板上精彩的木雕

赵家村 28 号民居，大厅已拆，仪门为垂花门式雕花门罩，因曾受火灾，砖雕呈土黄色(图 151)。额枋上雕“指日高升”(图 152)和“天官赐福”等吉祥人物图案(图 153)，下额枋一块玉雕蝙蝠祥云，周围是连续的四瓣花锦纹和卍字纹，束腰为卷草纹。剔地清爽，雕刻干脆利落。门前一对抱鼓石，是很难见到的两个鼓，大鼓面高浮雕三狮戏球，小鼓面浅雕云龙和云凤纹。

(27) 李竞成故居

李竞成故居位于小桥头村 39 号。李竞成是辛亥革命时期的革命将领，为光复镇江作出了卓越的贡献，其故居属镇江新区文物保护单位，得以幸存，保留一进，为平房，由李竞成的曾孙夫妇看守(图 154)。

2. 丁岗镇民居

(1) 孙氏民居

孙氏民居位于大路镇中兴东路 81 号，堂号为“世德堂”，三进五

图149　肖氏民居楼房雨挞板上人物故事木雕是镇江古建筑雕饰中的极品

图150　肖氏民居楼房雨挞板上木雕狮子跌宕腾挪，风带缠卷流走，满板似有飒飒风声，备极灵活生动

图 152　赵家村 28 号民居门罩额枋上“指日高升”砖雕

图 151　赵家村 28 号民居门罩上砖雕

图 153　赵家村 28 号民居门罩额枋上“天官赐福”砖雕

图 154　李竞成故居

开间，大门并不显眼。仪门建门罩式垂花门罩（图 155），柱头圆雕花篮。上额枋用剔地起突法刻牡丹、梅花和菊花。回纹镶边围绕匾额和兜肚，其中人物砖雕已损毁（图 156，彩图 25）。下额枋梅花形一块玉海棠形开光内刻仙鹤和梅花鹿，以寄托对福禄寿的祈盼，边缘雕刻为波浪形，别具韵律美感。白石门楣上浅刻连续方胜卷草纹，正中是笔、锭和如意结，寓意“必定如意”。束腰刻 27 个福、禄、寿字，整座门罩雕刻工整严谨，极见刻工功力（图 157、图 158）。

（2）“武榜眼”老宅

解祥洪民居位于葛村一队。据屋主人解祥洪介绍，其祖父解兆鼎于光绪五年（1879）考中“榜眼”，被皇帝赐予“榜眼及第”后在家乡建造。他在此屋已住 40 多年。丹徒县志记载：“武进士解兆鼎会元一甲二名二等花翎，侍卫任广西郁林州参将”。老宅的独特之处在于大门成“八”字形，里小外大。八字大门是武进士家宅特殊式样，这在镇江市是首次发现，在省内也不多见（图 159）。

（3）“大宅门”

葛村 38 号民居被村民们称作“大宅门”，建于晚清，目前仍有保存完好的三进老宅。大门上很有规律地钉满了铁钉，上半部排成蝙蝠的图案，下半部排成团寿图，寓意福寿双

图 155　孙氏民居
仪门雕花门罩

图 157　孙氏民居
雕花门罩兜肚

图 156　孙氏民居雕
花门罩上砖雕

图 158　孙氏民居
雕花门罩挂牙

图 159 “武榜眼”宅极
为少见的八字形大门

图 160　葛村 38 号
民居大门

全。门楣上刻“尚父在此”，尚父指姜太公。据南京工业大学教授汪永平估计，如果按照古代工艺去复原，500 万元都造不出这样的门来（图 160）。

3. 大港镇民居

（1）赵伯先故居

赵声字伯先，是辛亥革命时期的将领。他少年时代在大港度过，其故居在伯先里 11 号，院墙高筑，为封闭式院落（图 161）。清水磨砖大门简洁不作装饰。现有平瓦房三进。前进两边为厢房。中进为面阔三大间的敞厅，后进原有楼阁三间，现已改为平房，第三进为住房，中为堂屋，赵伯先将军青少年时代居住于东屋。最后是五架梁三间厨房。仪门反面设素罩，一对抱鼓石分立于门两侧（图 162）。赵伯先故居经过重新整修，焕然一新，一进进房子看上去很是工整（图 163）。2012 年秋被列为江苏省文物保护单位。

图 161　赵伯先故居前后
两进院墙高筑

图 162　赵伯先故居内抱鼓石分立在仪门两侧

图 163　修建一新的赵伯先故居内景

(2) 赵甫琪故居

赵甫琪故居位于伯先里28号,建于明末清初,已有三百多年历史。如今清水磨砖大门保存完好,其上雕饰尤其精彩(图164、图165)。檐下三个长方形开光内分别雕福禄寿星等吉祥人物,衬托仙鹤祥云,局部镂雕(图166)。水磨方砖上浅刻连续卍字纹压地,中间雕十个人物,寓意“万里封侯”(图167,彩图22);中额枋整排刻人物,部分被毁(图168),其中一幅刻一人牵马,一人扛旗,旗上写“魁”字,寓意“马上夺魁”(图169);下额枋锦袱内雕暗八仙,周围配缠枝纹(图170);白石门楣上浅浮雕卍字纹,三个圆形开光内刻古拙的人物(图171);兜肚刻人物、飞鸟和鱼,部分已残(图172)。殊为可惜的是门楼两侧八个砖雕人物“破四旧”时被毁,只留下八个榫口。门枕石正面雕刻双鱼、麒麟、仙鹤,侧面刻游龙祥云(图173,彩图20)。地栿刻麒麟送子和丹凤朝阳(图174)。门枕石和地栿、柱础上的雕刻皆遒劲有力、充满了虎虎生机。走过门楼,右边是明恕堂,“明恕堂”的匾额被弃至院落一角,粗壮的木柱支撑着大堂。打开大堂的腰门,本以为会看到一进进的建筑,却发现一片废墟,主人介绍后几进房子毁于大火。

图164 赵甫琪民居高大的清水磨砖雕花门罩

图165 赵甫琪民居门罩上砖雕

图 166　赵甫琪民居门罩，上额枋开光内雕福禄寿三星等吉祥人物图案

图 167　赵甫琪民居门罩上“万里封侯”砖雕高浮雕高出墙面，场面喧炽热烈

图 169　赵甫琪民居门罩中额枋雕“马上夺魁”

图 170　赵甫琪民居门罩下额枋锦袱外，八角开光内雕暗八仙

图 168　赵甫琪民居门罩中额枋人物砖雕

图 171　赵甫琪民居门罩白石门楣圆开光内浮雕吉祥人物图案

图 172　赵甫琪民居门罩兜肚雕刻

图 174　赵甫琪民居
大门柱础和地栿石雕

图 173　赵甫琪民居
门枕石

(3) 冷国公旧居

冷国公故居位于旌德里53号，建于19世纪末，坐北朝南，院墙高筑，占地约2000平方米，历经百年风雨后，冷宅依然保留当年的风貌，虽然盛况不再，但还是能感觉到昔日的繁华。故居自南向北依次为大门、过厅、大厅、房间以及内眷所住的厢房，中间为过道，有回廊连接东、西两处宅子。主体建筑全部为砖木结构，歇山式，三峰压顶马头墙高耸(图175)，寝室为两层楼房，底层有地下室。门口台阶以整块条石铺筑，筑护栏。大门宽1.5米，高2.3米，用铁皮包裹，并钉有很多铁钉。入院落，整块青石铺地，东面有照壁，回头见大厅的水磨青砖门罩，简洁而朴素，四角雕牡丹图案(图176)。檐下三层砖作，白色大理石门枕石。大门东面二楼设瞭望哨。

图176　冷国公故居门罩匾墙极其宽大

图175　冷国公故居高大的院墙和层层跌落的马头墙

4. 姚桥镇民居

(1) 朱吉甫旧居

镇江新区姚桥镇儒里村因村民大多姓朱,故又名朱家圩。相传清代时,乾隆皇帝南巡来到丹徒,见此地村民彬彬有礼,谈吐文雅,读书之风浓郁,欣然命笔,题写“儒里”二字赐予该村,“儒里村”从此美名远播。

朱吉甫古民居位于儒里镇西街55号,原建于明末,距今约500年,古宅坐北朝南,五开间三进带包厢。康熙年间,现房主上代21世三字辈公考中武举而受赠此房。咸丰四年(1854)太平军攻打儒里,原建房全遭火焚,只留前进书房院墙、拴马石、石椅、中进画墙、地砖等。光绪三十年(1904),其曾祖守麟公率子修复为现存三进房宅,总计22间带12间厢房,后有庭院,占地千余平方米。

此宅为徽派砖木结构建筑,大门坐北朝南,青砖堆砌不作雕饰,门边院墙有拴马石(图177),大门反面是雕花门罩,上额枋从左右两侧起,均匀布列砖雕篆字“寿、福、禄”八组,正中嵌一个“福”字,共25个字,寓意三星高照,福气临门(图178)。中额枋两侧圆光内人物砖雕简洁传神,周围卍字纹连绵不断(图179),下额枋白石上刻松鼠

图177 朱吉甫宅第全景

图 178　朱吉甫宅第大门反面磨砖枕白石门罩

葡萄(图 180)。中进门下有高浮雕抱鼓石一对(图 181)。中进大厅高大宽敞,对面雕花门罩刻工精细,宽大的清水磨砖墙分列两边,门楼正中置"紫阳世泽"阳文匾额(图 182)。额枋上的砖雕已基本被铲除,只从余塞墙(又叫鱼腮墙)上方残存的一些连续纹样和单独纹样中,可见古代工匠的精湛技艺(图 183)。中进大厅设"轩",轩上平盘斗雕成简单的卷叶状,月梁刻人物花卉图案,两头雕成象鼻,蜀柱上浅刻整齐的几何纹饰,线条自然流畅(图 184)。后进为木结构二层楼房,呈"凹"字形,楼上有环廊,一楼格扇窗和楼上隔扇、栏杆均精雕细刻(图 185、图 186)。

图 179　朱吉甫宅第门楼中额枋砖雕剔地清晰,干净利索

(2) 华山村

华山村位于镇江新区姚桥镇,有"江南第一村"的美誉。据考古专家考证,从新石器时代至商周时期,华山村就是一个重要的人类活动区域,作为吴文化时期的古村落,距

图 180　朱吉甫宅第门罩下额枋砖雕

图 181　朱吉甫宅第中进门下抱鼓石

图 182　朱吉甫宅第中进大厅雕花门楣与两侧磨砖墙上砖雕

图 183　朱吉甫宅中进大厅对面照壁

图 185　朱吉甫宅第后进二层楼房

图 184　朱吉甫宅第中进大厅船篷轩下象鼻梁

图 186　朱吉甫宅第后进二楼木栏杆

今已有 6000 多年的历史，不仅地下陆续发掘出大量六朝前的文物，其地面也保留有大量的古代建筑。《华山畿》作为民歌，收集在南北朝时期的著作《古今乐录》、宋《乐府诗集》里，如今已被列为省级非物质文化遗产，并正在申报国家级非物质文化遗产，《华山畿》里第一首歌中的故事，据说就发生在华山村。

华山村建于山头之上，千年银杏在山头的中心位置，已有 1500 多年的历史，树高 32 米，胸径 1.84 米，需两人才能合抱，多次遭战火摧残和雷击而屹立不倒，被当地村民视为神树，目前为丹徒文物保护单位(图 187)。银杏树西数米处是始建于西汉景帝年间的张王庙，传说为了祭奠夏禹手下大将张勃在华山治水殉职而建，香火曾盛极一时，列茅山、圌山庙宇之首。原庙已毁，现建筑为后人复建。银杏树往南，是连着张王庙的华山村古

街龙脊街，长约500米，以大块青石板铺路，两头入口均有券门（图188、图189）。龙脊街两侧，分布着商铺，延伸出去的小巷内是古民居。这些传统建筑，至今仍是雕梁画栋，砖、木、石雕刻的花鸟人物工艺细腻，栩栩如生（图190~图193，彩图11）。遗憾的是，许多老宅濒临倒塌。村东侧是太平门和朝阳门（图194）。

华山村的另一大特色是，历朝历代都留下了各种各样的古井，目前仍然保留的有“禹王井”、“南宋古井”、“观音井”和“明清古井”等。其中“禹王井”位于龙脊街向东约200米处，相传始建于大禹治水时期，因此被称为“禹王井”，原青石井栏被盗，井口壁被井绳勒出深深的印痕，犹如片片开放的花瓣（图195）。

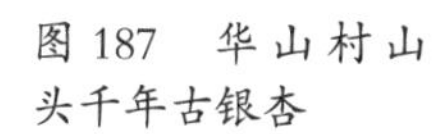

图187　华山村山头千年古银杏

图188　华山村古街券门

图 189　华山村古街迎嘉门

图191　华山村古民居大木雕刻

图 190　华山村古民居门楣砖石雕

图 192　华山村古民居砖石雕刻的门楣门罩

图 195　华山村之“禹王井”

图 193　华山村古民居砖石雕饰的大门

图 194　华山村村东头朝阳门

(三)丹　徒

图 197　殷氏六房长长的火巷

1. 殷氏六房

镇江市丹徒区黄墟镇在宋朝之前林木繁盛,人迹罕至,古人将这里命名为荒墟。南宋右武大夫殷秉常偏偏看中这里的秀丽山水,认为是居住佳地,于是买下这块地方,并将荒墟改名为黄墟,他的后人在此建造了八卦形状的住宅"殷氏六房"(图 196),高 6 米,火巷长 100 多米(图 197)。

殷氏六房在黄墟小学大门旁边,整套建筑布局为八卦中的"坤六断",但只有从空中俯看才能看出八卦的模样。目前多数房屋业已破败。清水磨砖雕花门罩上额枋中间刻凤凰牡丹,左右各一组喜鹊登梅,下额枋一块玉刻仙鹤、蝙蝠和梅花鹿,体现了主人对福禄寿的祈盼,两旁是连续卍字纹。枋间分别以砖雕草龙捧寿和缠枝卷草间隔(图 198),左右挂牙雕麒麟和梅花鹿(图 199,彩图 23)。整座门楼砖雕极其繁满,采用高浮雕和透雕的手法,刻画很细,见出当时的雕刻水平(图 200,彩图 14)。现为镇江市文物保护单位。

图 198　殷氏六房门楼额枋砖雕

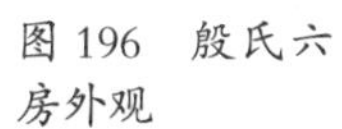

图 196　殷氏六房外观

图 200　殷氏六房门罩繁缛的雕饰

图 199　殷氏六房门罩挂牙砖雕麒麟作风生辣

2. 冷遹故居

冷遹故居位于黄墟镇老街，建于民国六年（1917），主楼一幢，为中西合璧式建筑，坐北朝南，楼前有花园。楼后有厢房四间，整体建筑为砖木结构，占地约1400平方米（图 201）。现为江苏省文物保护单位。

冷遹（1882~1959），字御秋，民主政治家，江苏丹徒黄墟镇人。曾先后参与新军起义、武昌起义，并担任中华民国陆军第一军第三师中将师长，二次革命中流亡日本，袁世凯复辟后回国投入护国运动，抗战期间转至重庆，担任历届国民参政会参政员。解放后，历任全国政协委员、江苏省政协副主席、江苏省副省长等职。

图 201　冷遹故居外观

3. 王家花园

王家花园又名“爱吾庐”，位于京口区谏壁镇月湖村，建于民国十九年（1930），落成于民国二十二年（1933），主人是上海 30 年代叱咤风云的金融巨子王耀宇。整体建筑为两层砖木结构，外墙高大，庭院深深（图 202），内部设计周密，构造别致，雕梁画栋，颇为精美，呈现出徽派民居的风格，总建筑面积近 4000 平方米，共 11 个部分、79 间房，原住宅内有八角亭、假山竹园、荷花池及名贵花木，与周围民居区别明显，是镇江近现代私家园林住宅的代表。现为镇江市文物保护单位。其水磨青砖大门简洁而质朴（图 203）。入大门，向左入仪门，仪门外墙上分别雕刻着福、禄、寿三星和梅兰竹菊四季花草以及宋代名将朱仙镇大战金兀术等图案。经过天井，进入前厅，是王家红白大事和祭祀重地，宽敞的大厅上方，悬挂着“燕誉堂”横匾。前厅雕花门罩匾额上雕刻“树德润身”，檐下是砖雕牡

图 202　王家花园高大封闭的外墙

图 203　王家花园大门

丹，高高的院墙上有镂空花窗(图 204)。前厅楼 5 间 2 厢，北为后厅楼，间数与前厅楼相同，东侧有厢楼 3 间 2 厢，西有园林方厅楼 1 间、花厅楼 3 间，楼房共 17 间 6 厢，其余为平房。据说，王家花园的建筑材料除砖瓦、石灰、部分木材在本地购置外，大部分都在上海购置。而且，王耀宇购买了上海钱业公所的旧房，拆后用船运到镇江，原套装配，(图 205~图 207)。现为镇江市文物保护单位。

王家花园曾多次用作军事基地和政府办公场所，1971 年 1 月 31 日，时为县革命委员会会议室的王家花园方厅因火灾毁于一旦，仅剩水泥框架，后又经过几次火灾。如今，院内垃圾散落，砖木结构的房间皆已破损，遥想当年的辉煌，不禁让人感慨万千。

图 204　王家花园前厅雕花门罩

图 205　王家花园船篷下木雕

图 206　王家花园大厅内双船篷及其木雕

图 207　王家花园内景

图 209　张卓小旧居门罩上砖雕

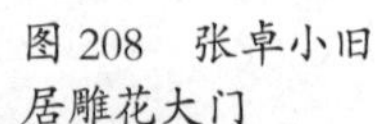

图 208　张卓小旧居雕花大门

(四)扬　中

张卓小旧居

张卓小旧居位于扬中市三茅镇张家棣,张家棣现改名为建设新村。张卓小于清同治年间盖建此屋,坐北朝南,原两进一院,后毁其半。旧居现仅剩下一座雕花门,2002 年春因城市建设和改造需要被搬到国土公园。整个大门为磨砖、硬山、砖木结构,青砖叠栱承担挑檐作屋宇式(图 208)。雕花门罩双层额枋清一色刻字,分两排,一排 23 个字,共 46 个字,中间刻一排回纹相隔,下额枋白石上刻方胜连钱纹(图 209)。46 个字字体形态各不相同又中规中矩,既显露出中国书法艺术之美,又显示出工匠极深的功力。其中 44 个为寿字,上排正中

图 212　张卓小旧居大门反面额枋上人物砖雕

图 210　张卓小旧居大门反面

间隔 2 个福字,因建房时主人 44 岁,2 个福字寓意建房时主人父母双全。门楼的背面,刻有七个故事图案,为民间相传的《鲤鱼跳龙门》、《刘海戏金蟾》、《麒麟送子》等故事,可惜一部分雕刻已被破坏(图 210~ 图 212)。七个故事图案四周雕刻形态不一的卷草纹、花卉纹和卍字纹,图案刚柔并济,线条曲直对比,刻工干脆利落(图 213)。门前枕石上刻有龙鱼图案,寓意鲤鱼跳龙门(图 214)。现为镇江市文物保护单位。

图 213　张卓小旧居门楼反面额枋雕饰

图 211　张卓小旧居门罩反面砖雕挂牙

图 214　张卓小旧居大门门罩前枕石雕鱼龙戏云水，腾跳翻转，极富生命力

（五）丹　阳

图 215　林家大院外墙

1. 林家大院

林家大院位于丹阳市区西门四巷弄 65-2 号，建于民国 18 年（1929）（图 215），硬山式砖木结构，三进两厢二层楼房，门框上方设水磨砖六角景，院中铺设长条石（图 216），门窗木雕简洁不乏精致，可惜已显破旧。现为丹阳市文物保护单位。

图 216　林家大院内木格扇门窗

图 217　张家大院高大的院墙

2. 张家大院

张家大院在丹阳市区中新路 4 号，建于 1934 年，三进五开间四厢房另加后花园，硬山式砖木结构，面阔 19.5 米，五峰马头墙高高耸立（图 217），总建筑面积约 1000 平方米，是丹阳市现存相对较好并具有一定代表性的民居。大门较简洁（图 218），入内，头进为平房，院内青石铺地。后两进为跑马楼，第二进有砖雕门楼，损坏较严重，字匾内 “竹苞松茂” 四个大字依稀可见（图 219）。第三进后门外有一口六角形古井，井圈刻 “东井银泓” 四字（图 220）。现为丹阳市文物保护单位。

图 218　张家大院大门

图 220　张家大院内古井

图 219　张家大院门罩砖雕

3. 邵氏民居

邵氏民居位于埤城镇老城南街 118 号，堂号为“培远堂”，为丹阳市文物保护单位。老宅共三进，第一进房屋已毁，仪门反面是雕花门罩，三面清水磨砖墙，檐下三层砖作（图 221）。上额枋虽有残损，

能看出中心雕“独占鳌头”,两边刻“进京赶考”和“衣锦还乡”等人物故事。中额枋三组砖雕分别为福、禄、寿星,两边是梅花锦纹,相同的梅花元素却设计出了不同的纹样,见出匠心,刀法也利落干脆。下额枋四个圆形开光内是形态各异的四尾鱼,仿佛真要跃出水面一样,浪花的雕刻很见童心。两侧挂牙刻两尾鳌鱼。白石门楣上浅刻方胜纹,正中刻笔、锭和如意结,寓意“必定如意”(图 222、图 223)。

大厅里,“培远堂”的匾额依然高高悬挂,整排的木格扇门略有残坏。厅前设船篷,貓梁,雕刻简洁,檩下饰花替(图 224)。

图 221 邵氏民居雕花大门

图 222 邵氏民居门罩砖雕

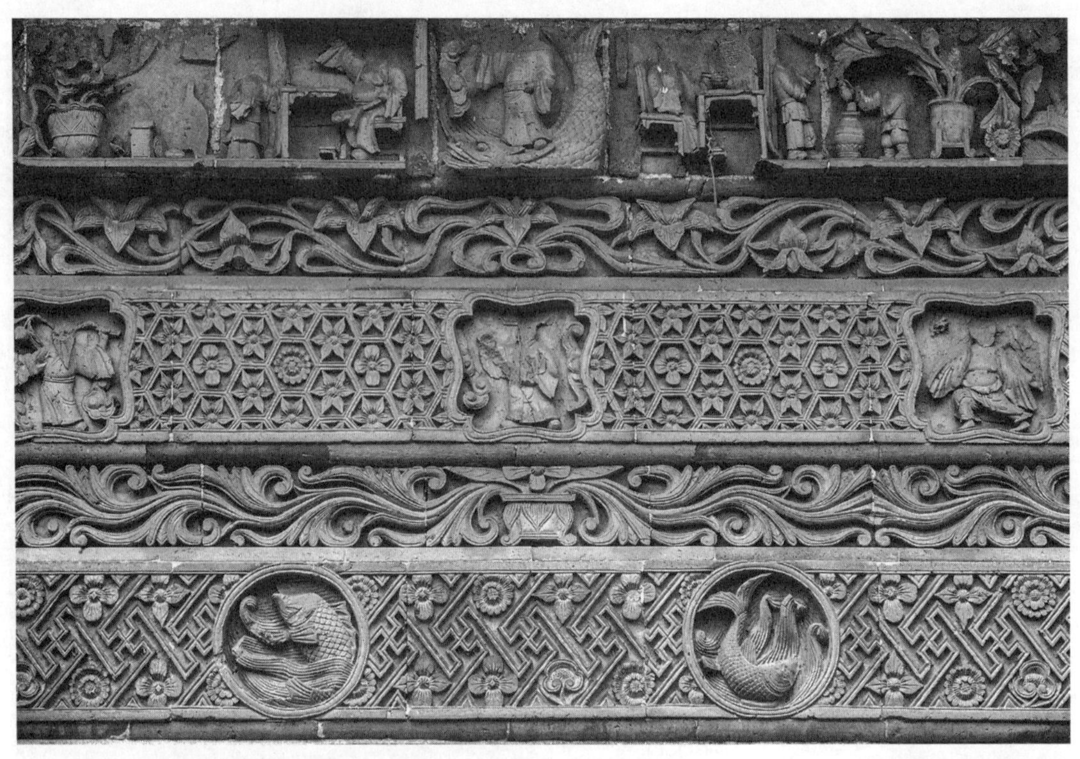

图 223　邵氏民居门罩砖雕

图 224　邵氏民居大厅船篷木雕

4. 王氏民居

王氏民居位于埤城镇益民路 91 号，三进五开间。仪门设垂花柱式雕花门罩（图 225）。上额枋四组砖雕分别是梅花、菊花、荷花、牡丹，下额枋左边刻梅花鹿，右边刻仙鹤，中心的砖雕被泥巴封住，估计应是体现寿的雕刻，寓意福禄寿。两侧挂牙刻花草和鱼，整座门楼的雕刻略嫌刻削。

图 225　王氏民居仪门上雕花门罩

5. 朱氏民居

朱氏民居位于埤城镇常麓村 185 号，原是兄弟几户住在一起的整体建筑（图 226）。其中一户大门设挑檐式垂花门罩，磨砖简洁，不作雕饰（图 227）。大门反面设磨砖门罩，有两排以连续梅花纹和卍字

图 227　朱氏民居大门

图 226　朱氏民居外观

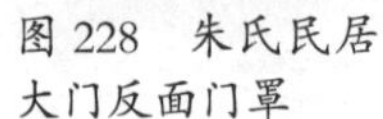

图 228　朱氏民居
大门反面门罩

图 229　朱氏民居
二进门反面门罩

纹为主的砖雕（图 228）。二进门反面垂花门罩更为简洁，仅左右挂牙雕卷草，线条流畅（图 229）。老宅已废弃。

绕至后门，有一座保存稍好的雕花门罩（图 230）。上额枋中间刻梅花锦纹，两边是连续卍字纹，下压一条饱满流动的卷草纹，下额枋正中浅刻方胜套梅花连接卷草纹（图 231）。两边挂牙雕对称的荷花、荷叶、荷苞和莲蓬，对比丰富（图 232）。大门口抱鼓石鼓面上雕云龙纹（图 233）。

6. 吴氏民居

吴氏民居位于埤城镇林常村后冷山 112—113 号，三进五开间，仪门有雕花门罩，损毁较严重（图 234）。

7. 官酱园

清同治 11 年（1872），丹阳西门外人士江沛来到访仙镇，同年在访仙老街上挂起了“恒升酱坊”的招牌，两间门面及几间厢房成了发酵制酱的作坊。光绪元年（1875），江沛请出访仙桥地区的头面人物

图 230　朱氏民居后门保存较好的门罩

图 231　朱氏民居后门门罩额枋上砖雕

图 233　朱氏民居后门抱鼓石

图 232　朱氏民居后门门罩砖雕

图 234　吴氏民居仪门雕花门罩

图 235　官酱园现状

朱德昌、朱金丰和汤铭新等人，活动于上海、南京等地，终于获得了清政府江苏巡抚盐漕部院批准，由访仙桥大商户刘广隆具保，两浙江南盐运使司发放了一块“丹阳县访仙桥江沛恒升号酱园”牌匾。这块类似今天营业执照性质的牌匾，意义非同寻常。它除了可以常年从官方盐栈购得需要数量的平价优质食盐外，还大大提高了恒升在社会上的地位。那时，在苏南地区的同业中，只有丹阳恒升、丹徒“恒大”和常州的一家酱园拥有这样的牌匾（图 235）。现为丹阳市文物保护单位。

8. 华罗庚故居

华罗庚祖籍是丹阳市访仙镇，其故居坐落在访仙古镇东街，坐北朝南，两进三开间，砖木结构，中间一间为华罗庚故居。民国时期，此房转让给华罗庚的侄子居住。解放后，华罗庚故居卖给了周姓人家。

2007 年 12 月，华罗庚故居被列为“丹阳市文物保护单位”，故居的现状与华罗庚的地位却不相称，临东街一面已经被住户改造，涂上了水泥，安装起不锈钢的窗户，文物保护单位标志牌旁的墙体上被写上“夜宵”的字样（图 236）。

图 236　华罗庚故居现状

图 237　江天禅寺山门

二、宗教建筑

镇江宗教建筑包括佛教寺院、道教宫观、伊斯兰教清真寺和基督教教堂等等。

（一）佛教寺庙

1. 江天禅寺

江天禅寺即金山寺，始建于东晋年代，初名泽心寺，南朝、唐朝称金山寺，距今已有1500多年建庙史。现为镇江市文物保护单位。

金山寺的山门朝正西。这是因为，古代金山屹立在扬子江心，游人透过朝西的山门放眼望去，便见浩渺大江奔腾而下，正合“大江东去，群山西来”的诗意。山门前设屋宇式四柱三牌坊，飞檐翘角，牌坊上砖雕为后人所作，极为粗鄙，“江天禅寺”匾额为清代康熙皇帝随太后来金山祈拜时亲笔题写（图237）。宽大的八字照壁分立两侧，一对清朝同治年间的石狮高踞于石基座之上：雄狮脚下玩球，身上又背有一球，龇牙咧嘴，神态凶猛，显得威风凛凛；雌狮搂着两只幼狮，身上又背一只小狮，显得温驯而慈爱（图 238）。由山门入天王殿，殿五开间，歇山式屋顶，初建于明正统年间，正德年间，太监马俊重修，清顺治年间倾圮，住持行海复建，后又毁，同治八年（1869）两江总督曾国藩兴修。三券门象征佛教“三解脱门”。殿中供弥勒佛，两旁塑四大金刚看守山门，形象高大逼真。四大金刚，俗称四大天王，殿称天王殿。

天王殿向后便是大雄宝殿，初建于晋，历经兴废。现大殿高七丈有余，歇山重檐，飞檐斗栱，檐下彩绘，雕梁画栋，坚固庄严。红色廊柱，黄色琉璃瓦，木格扇门，精美的彩绘把殿堂内外装饰得金碧辉煌，气势雄伟。殿外宽广的廊庑上开六樘圆窗，内刻六个金山历史故事。大殿正中，悬挂着赵朴初先生题写的“大雄宝殿”金字匾额（图 239）。

藏经楼在大雄宝殿后山腰上，是江天禅寺的主要建筑之一，现大殿为 1948 年后复建，规模宏伟，胜过往昔。观音阁在藏经楼北侧，明永乐八年（1410）建，正德年间李和重修。整幢建筑分上下两层，布局精巧，错落有致。

留玉阁在妙高台之上、藏经楼侧。宋神宗年间，苏东坡与佛印和尚赋诗对句作赌，苏东坡输玉带，佛印赠衲裙以谢。明万历年间，众寺僧筑阁存入玉带，作为镇山之宝，并供人观瞻。现留玉阁为仿清建筑，砖木结构，歇山顶，飞檐起翘，造型秀美。

楞伽台在金山东南，傍山驳石而建。相传苏东坡晚年受老朋友佛印和尚相托在此写《楞伽佛经》，故此楼又称“书经楼”。登台于长廊远眺，碧空万里，江流磅礴，江天一色，尽收眼底，气势十分壮观。由山下登楞伽台，需经三重楼阁，每进一层，疑无上处洞门一开，豁然有级可登，迂回曲折，上下错落，往往令游客迷其所在。

图 238　江天禅寺大门前石狮

图 239　江天禅寺大雄宝殿

金山最高处有一石柱凉亭名曰“留云亭”,又名“江天一览亭”或“吞海亭”,亭中石碑镌三百多年前康熙皇帝陪同母亲来金山寺游览时留下的古书。康熙登高远眺,大江东去,水天相接,遂奋笔手书“江天一览”四个大字。亭于康熙二十四年(1685)重修,同治十年(1871)复建,两江总督曾国藩将康熙所写的“江天一览”四字刻于石碑,置于亭内。这里是领略金山风姿、俯瞰镇江全城美景的最佳观赏点之一。

慈寿塔,又名金山塔,始建于1400余年前的齐梁。塔高30米,唐宋有双塔,宋朝叫“荐慈塔”、“荐寿塔”。1472年,日本画家雪舟等登游金山,曾绘《大唐扬子江心金山龙游禅寺之图》,上有南北相向的两座宝塔。双塔后毁于火,明代重建一塔,取名慈寿塔。清代咸丰年间,塔又毁。光绪二十年,金山寺住持誓建此塔。他奔走南北,多方募化,并得到两江总督刘坤一的支持,历经五年,募银二万九千六百两建塔,仍名慈寿塔。此塔玲珑,秀丽,挺拔,矗立于金山之巅,和整个金山及金山寺配合得恰到好处,金山因塔而显高峻。塔为砖木结构,七级八面,内有旋式梯,供游人登塔远眺。每层四面有门,走廊相连,游人可以登临塔顶,凭栏远眺:东望长江中的焦山和形势险固的北固山,南望城市风光和重重叠叠的山峦峻峰,西望波光粼粼的鱼池和浩浩荡荡的大江激流,北望烟波缥缈的古镇瓜州和

图 240　江天禅寺层层寺宇

古城扬州：面面有景，风光各异。

从山麓到山顶，江天禅寺幢幢殿宇，层层楼阁，檐牙飞翘，连成一气，构成一组椽摩栋接、丹辉碧映的古建筑群。整个金山仿佛就是一座宏伟的寺庙。山与寺浑然一体，足以壮此名山胜概（图 240）。

2. 定慧寺

定慧寺原名普照济寺，始建于东汉兴平元年，是我国建立最早的寺院之一，宋代改称普济禅院，元代改名焦山寺，后毁于火，明宣德年间重建，清代康熙南巡游焦山时，将寺名改为定慧寺，沿用至今，现为镇江市文物保护单位。从与焦山对峙的象山脚下渡口过江，不到五分钟可到定慧寺（图 241）。重檐歇山式徽派山门已拆，改建为四柱三间仿古石牌坊，迎面照壁同样是仿古式，雕饰工艺远不及古代（图 242）。

大雄宝殿由唐玄奘弟子法宝寂始创，历经兴废，清康熙年间按明代风格重修。殿面阔五间，砖木结构，重檐庑殿顶，正脊两端饰螭吻。殿内雕龙描凤的屋顶不用钉子，中央梁呈八面八角交错，围以斗栱，向上逐步收缩成圆形藻井。四周彩绘图案，繁缛富丽，国内少见。顶部开光以佛经梵文组成 16 个方形图案，四周饰夔龙、莲花和如意纹。

图 241　定慧寺全景

加上殿堂内三尊金碧辉煌的大佛，迎面壁间斗栱、柱、枋均绘吉祥图案，色彩秀丽，庄严肃穆，更显得大殿气宇轩昂。康熙帝亲书“香林”两字闪烁于烛光香雾之中。正中释迦牟尼、迦叶、阿难像栩栩如生，两旁排列着几十尊新塑罗汉像，玲珑的长明灯高悬半空，紫铜炉里香烟缭绕，气氛庄严肃穆。殿前两株银杏树，树龄已有四百余年(图 243)。

图 242　定慧寺山门

天王殿在大雄宝殿前，初建于明正统年间，清光绪年间重建。重檐歇山式大屋顶，黄墙，红柱，三券门。朝南殿壁上嵌万承纪篆书“横海大航”四个砖刻字，上挂横额“定慧寺”。殿前一株八百年古银杏树，枝叶茂盛，寺掩其中(图 244)。

藏经楼在大雄宝殿之后，原名藏经殿，又名藏经阁，明英宗赠全套《大藏经》藏于殿内，清康熙二十八年(1689)改为阁，咸丰年间毁于战火，同治五年(1866)重建，后因山体滑坡毁圮。现楼为两层，重檐飞翘，雄伟壮观。上层藏经，下层为方丈室和禅堂。

图 243　定慧寺大雄宝殿

图 244　定慧寺天王殿

华严阁位于定慧寺西南，是一座两层楼临水建筑，为清僧元谐所建。“华严”二字，出于《华严经》，比喻这里是“百花齐放，包罗万象”的胜境。厅正中悬挂楹联：“一片浮玉，十分江景”，“华严月色”是焦山最富诗意的十六景之一。每当皓月当空，江上波光粼粼，银涛万顷，天空一碧如洗，水天相映，恍若进入仙境。中国佛教协会主席赵朴初居士在此挥毫题写“无尽藏”，语出东坡《赤壁赋》，寓意双关，耐人寻味。

“别峰庵”在焦山双峰之阴别岭上，始建于宋代，明万历六年（1578），礼部侍郎吕元重建为别致的方形四合院建筑，易名“别峰庵”。庵四周翠竹环抱，清代大书画家、诗人郑板桥当年曾在这里读书。门头上横额题“郑板桥读书处”，门两旁悬郑板桥手书楹联“室雅何须大，花香不在多”。

壮观亭在焦山西麓半山腰，初建于明朝天顺年间。亭名取自李白“登高壮观天地间”诗意。明正德三年（1508）僧妙宁重建，清乾隆年间，亭内置御碑，曾名御碑亭，后复名为壮观亭。亭为六角攒尖顶。登亭远望，只见江山景色荟萃于此，亭柱上悬挂有三副楹联：“江天共一览，心迹喜双清”；“砥柱镇中流，此处好穷千里目；海门吞夜月，何人领取大江秋”；“金山共此一江水，王母来寻五色龙”：将焦山的景色气势描绘得淋漓尽致。亭前六朝古柏挺拔苍翠，甚为壮观。

观澜阁位于定慧寺东，邑人赵衷建于清道光二十七年（1847）。阁外惊涛拍岸，波澜叠起，故名观澜阁。两层建筑，楼上东、西、南三面有透明大窗，视野开阔，并有长廊与黄叶楼相接。

万佛塔位于焦山顶峰，塔高 42 米，海拔 70.4 米，七级八面，上有天宫，下有地宫，建筑面积 583 平方米，是一座明清式具有江南风格的仿古塔。塔内设两套楼梯上下分流，外有栏杆相倚。每层设回廊，八面有景。凭栏远眺，江天景色，尽收眼底。夜间，天空放射

图 245　定慧寺万佛塔

出八束光柱，为过往船人指引迷津。万佛塔塔院设前后门厅、左右碑廊、厢房，错落有致，与塔相映成趣。前门两侧墙上嵌有“海不扬波”石额，为明代书法家胡缵宗所书，意为焦山矗立江心，犹如镇海之石，驱逐水妖，故而海不扬波。佛教教义中，“海不扬波”是清平世界的意思。后门院墙两侧刻“中流砥柱”石额。八个苍劲有力的石刻大字，更烘托出万佛塔庄严的气氛（图 245）。

吸江楼耸立在焦山东峰绝顶，始建于宋代，原名吸江亭，又名吸江楼。因亭内四面有木雕佛像，人又称其四面佛亭。清同治年间常镇通海道沈秉成改建为现在的两层八角楼，上层横额题“吸江楼”三字，底层横额写“江山胜概”四个大字。整个结构为水泥仿木，有楼梯盘旋而上，回廊通连，八面有景。游客登楼远眺，大江南北旖旎风光尽收眼底。亭旁有千年古柏一株，号称六朝柏，如娇龙昂首，顶天立地，历千余年枝叶茂盛，苍翠葱郁，自成一景。

焦山寺东宝墨轩，又名焦山碑林，珍藏历代碑刻 400 多方，内涵丰富，被誉为“书法之山”，其中摩崖石刻《瘗鹤铭》享誉海内外，为国家重点文物保护单位（图 246）。

从观澜阁穿小桥，过假山，到掩映在银杏树下的宝墨轩。北宋庆历八年（1048），润州太守钱彦远在定慧寺东建宝墨亭，藏梁唐诸贤“四定”。至明代藏碑渐多，遂改亭为轩。轩为砖木结构，前后两进皆设边廊，内置碑刻。轩后有阁。现碑林即 20 世纪 50 年代以后由宝

图 246　定慧寺碑林

墨轩扩建而成，面积4000平方米，林内珍藏着历代碑刻四百多块，镶嵌在回廊亭阁之中，数量仅次于西安碑林，为江南第一大碑林。法书、史料、墓志、石雕等等，内容极其丰富(图 247)。其中最著名的有东晋王羲之书《破邪论序》、唐颜真卿《题多宝塔五言诗》三十首四十四块。宋代名书画家米芾的“城市山林”横额、黄庭坚的《蓄狸说》、苏东坡《题文同墨竹跋》及《墨竹自题》；元赵子昂小楷石刻两块、清成亲王书《归去来辞》七块等等，均为名家手笔。唐朝仪凤二年(677)的魏法师碑被誉为“初唐妙品”，碑文完整，字体工整遒劲，为国内罕见的唐碑。

《瘗鹤铭》碑亭在碑林东北，傍山而建，砖木结构，歇山顶，亭基高出地面一米许。拾级而上，翠竹环依，幽深雅致(图 248)。亭中置《瘗鹤铭》刻石，是我国保存价值极高的“二铭”之一，世称南有镇江《瘗鹤铭》，北有洛阳《石门铭》。相传《瘗鹤铭》为东晋大书家王羲之所书。一日他到焦山游览，带来两只仙鹤，不料夭折在焦山。王羲之十分悲伤，用黄绫裹了仙鹤，埋在焦山的后山，在山岩上挥笔写下了著名的《瘗鹤铭》。因其书法绝妙，当即被镌刻在岩石上。后

图 247　定慧寺碑林内碑刻

图 248　定慧寺《瘗鹤铭》碑亭

因岩石崩裂，坠入江中，长期受江水冲击，清朝康熙五十一年（1712），才由镇江知府陈鹏年派人从江中捞起五块原石，仅存八十六个字，其中不全的有九字，仍可见字体潇洒苍劲，别具一格，确为稀世珍品（图 249）。宋代著名书法家黄庭坚推此为“大字之祖”，曹士冕则认为“焦山《瘗鹤铭》笔法之妙，为书法冠冕”。《瘗鹤铭》是隶书向楷书演变过程中著名的石刻之一，是今人研究书法发展史的重要实物资料。

清乾隆帝南巡时数游焦山，诗文碑刻多处可见。原天王殿前东、西两亭皆有乾隆御碑，均称御碑亭。现仅存东亭，方形，木结构，四角攒尖顶，碑上刻有乾隆一、三两次南巡游焦山所作诗文。另一御碑亭则在焦山碑林内，碑上刻乾隆皇帝第五次游焦山时所作诗句。碑以整石雕成，高、宽均 3 米有余，厚达 0.6

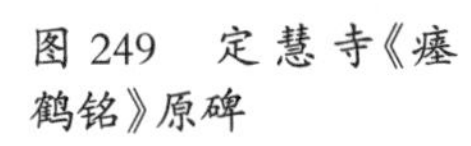

图 249　定慧寺《瘗鹤铭》原碑

米，是焦山现存八块御碑中最大的一方。碑正反两面均刻诗，碑周及底座雕九龙云水浮雕，刻工精湛，九条巨龙有的仰首向上，有的俯首往下，龙身扭曲，张牙舞爪，前呼后应，翻腾于云水之间，组成一幅绚丽的蛟龙闹海画面。碑上覆亭，歇山式大屋顶，四柱无壁，饰简单的花格栏杆，供人面面观景（图 250、图 251）。

焦山西麓沿江一带全为陡岩峭壁，有浮玉、栈道、观音、瘗鹤铭等岩，其间有六朝、唐、宋、元、明、清名人和诗人的题刻，字体集正、草、隶、篆，内容丰富，美不胜收。一到浮玉岩，便看到宋书法家赵孟奎所写的“浮玉”两个苍劲秀丽的大字。左面陆游与游人踏雪寻访《瘗鹤铭》留下的题名石刻最引人注目。全文为：“陆务观、何德器、张玉仲、韩无咎，隆兴甲申闰月二十九日，踏雪观《瘗鹤铭》，置酒上方，烽火未息，望风樯战舰在烟霭间，慨然尽醉。薄晚，泛舟自甘露寺以归。明年二月壬午，圜禅师刻之石，务观书”，书法刚劲有力（图 252）。另一块石上，北宋书法家米芾观看《瘗鹤铭》留下的题名石刻“仲宣、法艺、米芾，元祐辛未孟夏观山椎书”（仲宣、法艺分别是北宋时甘露寺和金山寺的和尚）。

图 250　乾隆御碑碑文

图 251　乾隆御碑基座石雕圆熟精美，为清中期石雕代表作品

图 252　定慧寺西麓沿江峭壁上陆游石刻

3. 甘露寺

北固山以险峻著称，主峰濒临大江，山势险固，甘露寺高踞峰巅，形成“寺冠山”的特色。这里的亭台楼阁、山石涧道，无不与三国时期孙刘联姻等历史传说有关。北固山成为人们寻访三国遗迹的必到之地。

甘露寺山门原建于北固山后峰交界处，坐北朝南，山门内供奉四大金刚，后毁于日军战火。现山门改作四面贯通的晴晖亭。

大雄宝殿位于北固山后峰，传说是刘备结婚之地，始建于东吴初期。昔日亭台栉比，殿宇辉煌，规模宏大。唐朝李德裕布施宅地，扩建甘露寺，后几经兴废。现存殿址为清光绪十六年（1890）镇江观察黄祖络修建，青砖墙高大开阔，磨砖影壁简洁古朴（图 253）。

图 253　甘露寺大雄宝殿门额砖雕

甘露寺券门在大雄宝殿右侧，门额白石刻“南徐净域”。西晋末年北方混乱，东晋偏安江左，北方人士纷纷南下，东晋政府为此置徐州，州治即在京口。刘宋时，正式定名为南徐州，以后，南徐便一直成为镇江的别名。在此南眺，层峦叠嶂的城市山林和固若金汤的吴王铁瓮城一览无余。券门两侧嵌清代书法家苏涧宽题“地窄天宽，江山雄楚越；沤了浪卷，栋宇自孙吴”石刻联句（图 254）。

图 254　甘露寺券门

“天下第一江山”石刻横嵌在北固山甘露寺的坡墙壁上。相传三国时，刘备来东吴招亲，孙权宴罢陪刘备，观赏江景，见北固山雄峙江滨，大江东去，一望无际，气势雄伟，不禁赞道：“北固山真乃天下第一江山”。后来，梁武帝游北固山时，兴致勃勃地挥毫写下了“天下第一江山”六个大字留在山上，后遗失。宋代，书画家吴琚把这六个字重新书写了出来。清康熙年间（1665），由镇江府通判程康庄临摹勒石嵌于廊壁（图 255）。

多景楼在甘露寺北后，北临大江，创建于唐代，楼名取自于唐朝宰相李德裕《临江亭》中“多景悬窗牖”诗意。两层建筑，三开间，歇山式，正脊两端置兽吻，四垂脊首部置

图 255　甘露寺“天下第一江山”石刻

兽头，两山墙饰金钱如意卷叶山花。三面回廊，面面皆景。它与湖北黄鹤楼、湖南岳阳楼并称长江中下游三座名楼。因宋书画家米芾曾作《多景楼》诗，诗中有“天下江山第一楼”句，多景楼又有“天下江山第一楼”之称。米芾还手书这七字作为楼的匾额，现仍嵌于多景楼底层门上（图 256）。

溜马涧位于北固山后峰西北侧，相传为孙刘二人私下较量、暗卜成败、一道赛马的地方，后人称他们跑马的地方为“溜马涧”，又名“驻马坡”、“走马涧”。明崇祯十二年（1639），太守程峋将溜马涧略加修整，命人砌了一条简易的砖路。第二年，云南人朱云熙书“溜马涧”三字刻于临江石壁上，至今犹存。清光绪年间，长白穆克登布书篆字“古走马涧”四字，刻石为山上圆门横额。

祭江亭在北固山后峰东北绝顶，始建于汉代，木结构方形亭，歇山式。清道光三十年将圆木柱易为方石柱，四根石柱上分别刻有对联两副（图 257）。

甘露寺铁塔位于清晖亭旁，为唐朝宝历元年（825）曾三任润州刺史的唐朝宰相李德裕创建，乾符年间毁，宋元丰年间（1078）复建。原为九级，明万历年间毁去上部七层，重修时改为七级。清代光绪年间又遭雷击，毁去上部五层。20 世纪 50 年代铁塔已残破不堪，地方政府将残存的明代第四、第五两级加叠上去。现铁塔结构为平面八角形，下有塔基（即莲座），每层有四门，有腰檐，每层都铸有精致的佛像和飞天像，姿态生动。巨大的莲座上铸有优美的云水纹和龙戏珠纹。第二层塔身四面门的方向及门两旁菩萨浮雕相同，东南面铸有“国界安宁”、“法轮常转”两行魏碑字，东北面排列有九行题名，正东面已破裂（图 258、图 259）。铁塔现为省级文物保护单位。

图 256　甘露寺多景楼

4. 隆昌寺

隆昌寺坐落在句容市宝华山盆地之中，

图 257　甘露寺祭江亭

图 259　甘露寺铁塔上铸有精致的佛像和飞天像

图 258　甘露寺铁塔

梁宝志和尚在此结庐修行，初名千华寺，又名千华社，明万历年间建寺，敕封为护国圣化隆昌寺，清康熙年间御赐慧居寺，后又复名为隆昌寺并沿用至今。整个寺院呈合院式，殿宇宏敞，硬山封顶，三峰五峰马头墙古朴雅致（图 260），殿堂楼阁均有檐廊可通（图 261）。现为江苏省文物保护单位。

中国寺庙建筑的布局通常是在一条中轴线上依次分布山门、天王殿、大雄宝殿，面南背北，大雄宝殿置于全寺的中心位置。隆昌寺的山门和大殿却朝北开门，各殿堂围成一

图 262　隆昌寺与众不同的山门

图 260　隆昌寺建筑群

图 261　隆昌寺内院墙高筑，环境幽闭

个四合院形状，狭窄的山门偏在东北角，几乎仅容一人挺身而入。门上悬挂佛教协会会长赵朴初所书“护国圣化隆昌寺”额。宽大的八字磨砖照壁前，一对石狮威风凛凛，门口一对抱鼓石，纹饰疏密相间，刻工尤其精美（图 262）。

进寺门，见一条狭窄走廊，回首，山门上方高悬赵朴初题额“众山点头”。再前行右转，顿觉豁然开朗。面北一大殿即隆昌寺大雄宝殿，重檐硬山，青砖墙，深红色梁柱，檐下层层斗栱，横匾上曰“如如不动”。此语出自《金刚经》中“不取于相，如如不动”，意指不要为物质世界的万般杂事而心生纷扰（图 263）。殿墀头砖雕生动而有灵气：有的雕形态活泼的猴子和一个形状可爱的蜂窝，表达了人们对“封侯”的渴求（图 264）；有的雕形态憨厚的仙人和舒展的如意云，有的雕梅花鹿、蝙蝠、喜鹊，寓意福、禄、喜（图 265）；有的根据构图的需要，将树置于画面的顶端，山则缩小到树冠下面；有的雕栩栩如生的水中游

图 263　隆昌寺大雄宝殿

鱼,显示了雕刻艺人高超的技艺和丰富的想象力(图 266)。

韦陀殿与戒坛堂遥对大雄宝殿,坐北朝南,两层砖木结构。上为内坛,即水陆道场,下为韦陀殿,不设天王殿,以四个券门示意。殿与客堂和延寿堂毗连,屋檐到屋脊有高七峰压顶马头墙。

出戒坛堂,拾级而上,过道两侧的墙角一路都是石雕的流云图案,喻示人们脚踏彩云,飘赴汉白玉平台上的铜殿。铜殿始建于明万历三十三年(1605),原殿梁、栋、栌、桷、窗、瓦、屏、楹全部铜铸,故名铜殿,后毁,清康熙年间按原风格重建为重檐歇山砖木结构。殿内供奉观音菩萨,四壁雕着如来诸佛及帝释天人像等。殿前丹墀石栏围炉,有石阶进出,殿左右对称,前接亭阁,亭前设汉白玉石坛,坛壁四周饰莲花等图案。现为省级文物保护单位。

铜殿两侧是无梁殿,左为文殊殿(图 267),右为普贤殿(图 268),建于明万历

图 264　隆昌寺大雄宝殿墀头砖雕,猴子和蜂窝寓意“封侯”

图 266　隆昌寺大雄宝殿墀头砖雕

图 265　隆昌寺大雄宝殿墀头砖雕，蝙蝠、祥云、喜鹊和鹿均含有吉祥寓意

图 267　隆昌寺文殊殿

三十三年(1605),1990年曾进行维修。无梁殿全部用砖垒砌,不用寸木,三间两层楼阁式,高3.2丈,面阔7.6米,进深5.6米,单檐歇山,屋檐出檐很短,屋角起翘亦不高。殿内无梁无柱,完全为砖垒成的拱券,雄浑而精致,殿外的装饰也都用砖雕,艺术造型和雕刻极佳,是我国古代砖石建筑艺术的典范。屋脊上置螭吻和仙人走兽(图269)。檐下砖饰斗栱,砖"昂"前伸如象鼻(图270)。斗栱花板内雕刻形态各异的虬龙、朱雀,线条流畅,形象丰满(图271),无梁殿外墙以砖作栏杆装饰,栏板上雕刻麒麟、鹿、鲤鱼、"喜鹊登梅"、"鹤立清莲"以及卍字纹等传统题材图案,整体具有很强的节奏感(图272)。券门上雕云纹二龙戏珠,券窗上雕凤凰牡丹(图273),工艺精湛,美轮美奂。现为省级文物保护单位。

图268 隆昌寺普贤殿

图269 隆昌寺无梁殿屋脊上仙人走兽和屋檐下砖作斗栱

图271 隆昌寺无梁殿檐下磨砖斗栱花板雕刻

图270 隆昌寺无梁殿檐下磨砖斗栱

图272 隆昌寺无梁殿外墙栏板上砖雕

图 273　隆昌寺无梁殿券窗

5. 超岸寺

超岸寺位于新河街 60 号，始建于元代(1310)，清咸丰年间毁于战火，光绪十七年按原貌重建。山门为传统磨砖门，一对石鼓刻三狮盘球(图 274)。

寺内天王殿建于宣统二年(1910)，砖木结构，面阔五间，硬山式。门额上刻清代书法家陆润痒书“大总持门”。

大雄宝殿建于清光绪十八年(1892)，面阔五间，硬山式，前设并行相连的四架梁船篷。殿外斗栱飞檐，屋脊为磨砖浮雕的曲形卷叶纹(图 275)。

偏殿在大雄宝殿与天王殿北侧，面阔十间，硬山式。北沿墙外有走廊，通向天井另一楼房，妙心堂、宝鉴堂和方丈堂等有大小房屋 24 间，均建于清光绪年间。

藏经楼在大雄宝殿后，建成于清宣统

图 275　超岸寺大雄宝殿檐下斗栱和镂雕花板

图 274　超岸寺大门及大门前抱鼓石

元年(1909)。面阔五间,左有楼梯可供登楼。楼上正面一排花格槛窗,楼下亦有四架梁船篷,月梁上浮雕卷云纹、人物和山水等。现为镇江市文物保护单位。

6. 竹林寺

竹林寺位于镇江南山风景区夹山北麓,原名夹山禅院,始建于东晋,明末崇祯年间有天王大殿、钟鼓楼、大雄宝殿、大法堂、大藏阁等一批宏伟建筑,因寺院地处幽深的竹林中,远远望去,只见竹林不见寺,故名竹林寺。清康熙三十八年(1699),皇帝南巡亲书寺匾(图276)。雍正十年(1732),皇帝下诏重建,计有殿宇 259 间,规模更为宏大。后历经战火,虽几经重修,规模已大不如前。

如今,竹林寺依山而建,一组石阶隔一层平台,上下共五层,层层登高,竹林繁茂,古木参天,曲径通幽,引人入胜。寺前有月牙河,南岸有几棵高耸入云的银杏树。寺门前原有凝翠亭,背山面水,风景优美。山门天王殿已修葺一新,三券门,五开间,门上石额刻“竹林禅寺”(图 277)。从天王殿入寺,拾级而上,至第三平台,地面宽广,两旁建东西客堂各五间,设计精巧,形制古朴。

图 276　康熙帝赐竹林禅寺残额

图 277　竹林禅寺天王殿

7. 招隐寺

招隐寺位于南山风景区招隐山腰，始建于南朝宋景平元年间（423），距今已有一千五六百年历史，当时为著名音乐家、文学家戴颙的私宅，戴公仙逝后，其女誓志不嫁，舍宅为寺，盛时殿宇宏丽，规模很大，唐宋以来几经兴废，清咸丰年间毁于战火，同治和光绪年间，慧传和尚重修了大殿和读书台等建筑，规模已大不如前，后遭日军毁坏，现在正全面修复，大部分胜迹已焕然一新。山道上有一座四柱三间石牌坊，上额刻“宋戴颙高隐处”，说明戴颙曾隐居在此；下额是“招隐”二字。据说，戴颙才华横溢，在音乐和雕塑上有十分深厚的造诣，宋武帝刘裕对他极为赏识，屡次招他出山做官，但戴颙拒诏不出。这一招一隐，便是“招隐”的由来。内联“读书人去留萧寺，招隐山空忆戴公”。读书人指的是南朝梁武帝的长子昭明太子萧统。他曾在此苦读十年，召集文士在招隐寺编撰了我国最早的一部诗文总集《昭明文选》。下联指的是戴颙。外联“烟雨鹤林开画本，春咏鹂唱忆高踪”。上联指米芾父子在此开创了“米家山水”和“米氏云山流派”，下联则指春天的清晨，当人们听到黄鹂悦耳动听的鸣唱时，不由得想起这里以戴颙隐居而得名（图 278）。

图 278　招隐坊

图 279　绍隆寺玉佛殿

8. 绍隆寺

绍隆寺位于镇江东郊大港圌山风景区，五峰山麓，始建于唐朝宝历年间(825)，后毁，明朝弘治年间重建，名为"莲觉寺"，清康熙二十三年，皇帝首次南巡来到莲觉寺，看到这里三面环山，气势雄伟，如入仙境，便赐莲觉寺为灵觉宝寺，并赐给金山作其下院。据说到了清朝嘉庆年间，有位名叫茅元铭的读书人给这个寺庙题写了"绍隆禅院"四字，取佛家"绍隆佛种续佛慧命"之意，意思是"绍继金山禅院，兴隆历代香火"，绍隆禅寺的得名就此而来。寺内古柏参天，樟木成行，寺外竹林成片，风景怡人，是一个修行用功的好地方(图 279)。

9. 龙庆寺

龙庆寺位于丹阳后巷镇嘉山脚下，又名嘉山寺，初建于北宋绍圣年间，明宣德、万历时两次修葺，一度建有房屋 94 间，并设"复礼"、"显庆"、"旌孝"、"真珠"四大禅院，供奉释迦牟尼佛、弥勒佛、阿弥陀佛和地藏王菩萨。乾隆皇帝三下江南，两次到嘉山寺，并御笔亲赐"龙庆禅寺"匾，嘉山寺因此得以与金山的"江天禅寺"齐名(图 280、图 281)。抗战时期，龙庆寺毁于战火，仅遗存明万历年间"重建嘉山寺及龙王庙祠碑"和"重建嘉山寺碑"两方。现为镇江市文物保护单位。

近年，嘉山寺经过丹阳市政府的修复，已建成山门殿、天王殿、大雄宝殿、藏经楼、斋堂、地藏殿、三圣殿、观音殿、客堂、祖堂、法堂等建筑，占地 40 多亩。如今，这里佛徒香客云集，每到农历二三月间，龙庆庙会更是吸引了众多游客。

图 280　龙庆禅寺大门

图 281　龙庆禅寺抱鼓石造型融合南北

10. 皇业寺

皇业寺又名戒珠院，位于丹阳市胡桥镇张巷村，始建于南朝梁大同二年（536），由南津校尉孟少卿建，初名皇基寺，唐改名为皇业寺，元代称戒珠院，明宣德年间重建，并复名为皇业寺。

皇业寺不但是重要的文物遗迹，同时也是丹阳市作为齐梁帝王故里的重要历史见证之一。目前寺院恢复了3进2院，均为砖木结构平房，门楣有“敕建皇业寺”石额（图 282）。现为丹阳市文物保护单位。

图 282　“敕建皇业寺”石额仍在

图 283　大同古寺及古井

11. 大同寺

大同寺，又名大同庵、同林庵，位于丹阳市胡桥镇夏墅村南，西晋太康初建，元延祐四年（1317）重建，后改名为大同古寺。此寺坐西朝东，寺后有瓜发塔、放生池等，东边有福安桥。民国时期寺院有三进，大殿北边原建有偏房约 18 间，解放初分给僧人与贫下中农居住，后被拆毁。旧时寺院内有井三口，即西来泉、南头井、北头井。

夏墅村老年人退休协会募捐集资，按历史原貌修复了部分寺庙建筑（图 283）。

12. 海会寺

海会寺在丹阳市区丹凤南路尹公桥东北侧市委党校内，始建于明万历八年（1580）盛时共三进五开间，有僧舍、方丈楼、藏经楼等 50 余楹，历经朝代更替和战火洗劫，倾圮严重，并数度重新修建。目前除藏经楼外，其余寺舍均已不存。藏经楼为硬山式两层砖木结构，楼前两株明万历间银杏依然苍翠挺拔（图 284）。现为丹阳市文物保护单位。

图 284　海会寺藏经楼

13. 万寿庵

万寿庵在丹阳市陵口镇新庙村，始建于清康熙年间。原有 3 进 2 院，1960 年倒塌，1997 年由新庙村村民集资重建了前一进。院中古银杏树长势良好（图 285）。现为丹阳市文物保护单位。

图 285　丹阳万寿庵

（二）道教宫观

1. 茅山道院

茅山在句容东南约20公里处，原名句曲山，早在秦代就建有炼丹院，西汉元帝五年（前44），咸阳茅盈三兄弟来此结庐隐居，修炼济世，两晋时始建宫观，经历代扩建，至宋元极盛，有宫、观、庵、院257房，殿宇房屋5000余间，是我国道教"正一派"之"上清宗坛"所在地，唐以来被誉为天下"第一福地，第八洞天"。清末尚存九霄万福宫、元符万宁宫、崇禧万寿宫和乾元观、仁祐观、德祐观、玉晨观、白云观，俗称三宫五观。现有建筑群坐北朝南，依山势层层向上，布局严谨壮观。

九霄万福宫简称九霄宫、顶宫，坐落于大茅峰顶，为茅山"三宫五观"之首（图286）。汉代初建石坛石屋，齐梁间易为殿宇，元延祐三年（1316），赐额"圣祐观"；明万历二十六年（1598），敕建"九霄万福宫"。宫内原有太元、高真、二圣、灵官、龙王殿，藏经、圣师两楼阁，流样、绕秀、恰云、种璧、礼真、仪鹤六道院及道舍、客堂等建筑一百余间，建筑规模宏大，后经多次战乱，破坏严重，抗战后残存20余间，1982年开始修复，至1994年，已修缮了灵宫殿、太元宝殿、龙王殿、

图286　茅山九霄万福宫

宝藏库、飞升台、三天门、迎旭道院和经堂，新建了藏经楼、情云楼、白鹤厅、二圣殿、东山门、西山门、龙池、九龙壁和栏杆等建筑。茅山香火旺盛，昔有“顶宫一炷香，印宫一颗印”之说。意为去顶宫敬香后，必至印宫盖上一方宋哲宗御赐的九老仙都君之印，祈求永保平安。进印宫必经之道上有砖砌乾坤八卦符图，寓意过此能消灾降福。香期，这里香客如云，游人如织。

山门位于九霄万福宫两侧，分东西两座。东山门为砖石结构，有门洞三个，中门额枋上部书“茅山道院”；西山门为重檐歇山，两层砖木结构，三开间，是昔日香客上山敬香的入口。条石曲曲折折，似羊肠小道般盘旋而上。

睹星门，亦称石碑坊，原为宫内道士观星望气之处，始建于宋代，重修于元末，毁于清代，现存牌坊高 7.5 米，宽 21.8 米，石材建造，分左、中、右三门，为 1987 年重建。正门横额上刻“睹星门”三个大字，红色，四根青石云头盘龙柱，其中两根为宋代原雕，两根是元代石雕。门左右石壁上刻有“第八洞天”、“第一福地”八个正楷大字，蓝色，每字大约 1 米见方，苍劲有力，为清代书法家王澍于雍正六年（1728）五月所书，今天已成茅山道教历史文物。

过睹星门，拾阶而上，见元符万宁宫，初名潜神庵，又名延真庵、天圣观、元符宫、万宁宫，简称印宫，始建于唐，盛于宋。宋元祐年间哲宗敕建元符观并赐玉印一方。殿额石上刻“敕赐元符万宁宫”（图 287）。门前两侧各置石狮一尊，左雌右雄，已残缺（图 288）。此殿面宽五间，进深三间，正中供奉王灵官塑像，东西分别供奉南斗星君与北斗星君塑像，殿门左右青龙、白虎两神塑像；四周供奉 60 星宿塑像，像高 2 米多，均为坐式，有文，有武，有喜，有怒，有观，有望，有思，有想，尊尊形态不同，个个神情各异，每位神像手中均持有一物，或刀，或枪，或剑，或琴，或镜，或宝，或笔，是星宿神地位和法力的象征。

元符万宁宫山门为三门四柱三重檐牌楼，飞檐起翘，脊戗饰奇兽。柱前置石雕蹲狮一对，镇守山门。正门楼额刻康有为所书“众妙之门”四字。次门额枋书“洞天”、“福地”。门楼背面中书“紫气东来”，次门额枋各书“明道”、“立德”。正门两柱，正反均刻联句（图 289）。

元符宫左为勉斋道院，院内建有黄鹤楼、东岳楼、斋堂、伙房、道舍、库房等。东岳楼 1991 年新建，上下两层，上层宽 5 间，深 3 间，中奉东岳大帝金身塑像。下层宽 5 间，深 3 间，现为香客与宫内道士进餐斋堂。楼西侧存放有近十余年收集的茅山道教碑刻 20 余通。黄鹤楼古色古香，基本保持原有风貌。楼分上下两层，宽深均 3 间，下层为元符宫办公与接待室，上层是宫内库房。元符宫原有 13 房道院，后经天灾人祸，12 间道院及宫内殿堂先后被毁，唯有勉斋道院历经沧桑至今基本保持原貌。道院门前地面以青砖和小瓦筑成图案，

图 287　茅山元符万宁宫

图 288　茅山元符万宁宫门前石狮

图 289　茅山元符万宁宫山门

像道教符图，又像篆体的“福”字，像道教“炼丹图”，又像一只“古花瓶”，瓶口长万年青，寓意道院兵火不衰，犹如万年青一般生气勃勃。

出元符万宁宫后门，上台阶至碑亭。此亭为钢筋水泥仿古建筑，飞檐翘角，小巧玲珑，内立善男信女乐助修建元符宫款额与姓名功德碑，故又称功德碑亭。亭后为万寿台，古称彰台，青石砌筑，分上中下三层，中路不设台阶，意即中路只有皇帝才能行走，臣民只能从两侧登台。台上正中石坊一座，枋额正中书“三天门”，背阴刻“万寿台”。门高 6 米多，宽 2 米，门头以上共有三层石雕，一层雕二龙戏珠，二层雕石刻横额，三层雕五只姿态各异的仙鹤浮雕，其上为梁、沿、脊俱全的石雕屋顶。两旁石柱高达 6.5 米，分 3 级。一级门柱高 3.4 米，二级立体盘龙柱高 1.5 米，三级立体八节石墩高 0.4 米，左右一对石坐狮，相对而视，两侧石柱镌刻对联：“仙乐彻九霄祝一人之有庆；天香招五鹤祈四海之同春”。整个台坊浑然一体，雕工精细，古朴大方，是茅山重要的道教建筑之一（图 290）。据出土石碑资料记载，坊创建于南宋理宗时期，明代嘉靖年间（1522~1566）与清代乾隆十年（1745）、十七年（1752）均有重修；抗战及十年浩劫期间有不同程度的破坏，现存建筑为 1992 年李天师等海外茅山派弟子捐资重建。

下万寿台，越 30 余级石阶，见太元宝殿——九霄万福宫的主殿，雄踞于茅山主峰之巅（图 291）。单檐起翘较高，檐柱高 4 米，檐下砖

图 290　茅山万寿台

雕凤鸟花纹（图 292）。石券门由九块汉白玉石砌成，自上而下分别雕龙、凤、狮、象、鱼各一对，透雕生动精致。此殿面宽 4 间，进深 3 间，内奉三茅真君香樟木雕像，像高 2 米，雕工精良。

出太元宝殿，再上十几级石阶，到太极广场。广场四周石栏雕祥云仙鹤，老子神像端坐神台，高达 33 米，遥对九霄万福宫，由 106 吨紫铜铸成，为世界上最大、最高、最重的露天老子塑像（图 293）。老子神像身后，贴山建 120 米长的东西文化长廊，分彩绘、石刻、壁画、板雕四个部分，在全国道观中堪称第一。

乾元观在茅山东麓的青龙山中部郁岗峰上，古名炼丹院，后名集虚庵，北宋天圣年间更名为乾元观。昔日殿院重重，宏大幽静。新四军一支队司令部和政治处曾设于辛相堂和松风阁，日军入侵后，宫观全部被焚。今人复建（图 294）。

图 292　茅山太元宝殿檐下砖石雕刻

图 291　茅山太元宝殿

图 293　茅山老子铜像

图 294　茅山乾元观

2. 前艾庙

前艾庙为道教大同观(图 295)和佛教云莲寺(图 296)的总称,在丹阳市云阳镇前艾集镇,建于明成化元年(1465),清康熙元年(1662)重修。据《丹阳县志》记载,庙内大同观规模大于云莲寺,盛时,共有舍宇97间,有大帝殿、五神殿、罗汉殿、锁芝堂、韦驮殿、藏经楼、观音殿等。大同观前有戏楼1座,观舍3进,前为五神殿与化关殿,中为大帝殿与锁芝堂,后为道士居室,西侧建有厢房与长廊。现存五神殿一院一进,硬山式砖木结构。为丹阳市文物保护单位。

2001 年 7 月,云莲寺由信徒捐资恢复了大雄宝殿、弥陀殿等部分建筑,2002 年竣工,总占地面积 4335 平方米(图 297)。

图 297　前艾庙大同观内部彻上露明造

图 295　前艾庙大同观

图 296　前艾庙云莲寺

图 298　清真寺大殿

3. 文昌宫

文昌宫在扬中市新坝镇治安村，建于清光绪三十一年（1905），原有瓦房18间，现存5间大殿，砖木结构，深7.8米，宽20米，已废弃。1985年被列为扬中市级文物保护单位。

文昌宫供奉文昌帝君。在“学而优则仕”的古代，这里成为文人学士们常来跪拜求愿的道观。

（三）清真寺

清真寺在清真寺街84号，最初为三间茅草屋，清康熙年间扩建为寺院，为中国古典建筑形式，青砖黛瓦，飞檐斗栱，木雕门窗，寺内面积约1300平方米，有礼拜殿、照壁、经房、水房等；内部装饰完全是阿拉伯风格，阿拉伯文和几何图形组成上千个图案，气氛庄严肃穆（图298）。

（四）教　堂

1. 福音堂

福音堂位于大西路 343 号，由美国美以美教会传教士于清光绪年间建立。整栋建筑全部以青砖堆砌，硬山式瓦楞铁皮屋面，拱形门窗，顶上置十字架，风格别致（图 299）。现为镇江市文物保护单位。

2. 真道堂

真道堂在镇江市宝盖路 127 号，由美国基督教会传教士王茂真等人在 1931 年创建，砖木结构，全部以青砖叠砌，门窗却是西式教堂的尖拱形制。因此，真道堂也是全省尚存的唯一一座中西结合式小教堂。抗日战争爆发后，真道堂停止集会，直到 2004 年，镇江市基督徒在镇江市基督教两会将其重新作为教堂使用（图 300）。现为镇江市文物保护单位。

图 299　大西路福音堂

图 300　宝盖路真道堂

图 301　丹阳天主堂

3. 原内地会教堂

内地会教堂位于镇江市伯先路中段东面，由英国基督教传教士戴德生于清同治四年（1865）创建，占地面积约 275 平方米，三层楼房，共 15 间。教堂以青砖叠砌，夹少量红砖装饰，四面披瓦楞铁皮屋顶，有砖砌烟囱。二、三层朝南立面设券廊，大门依地势在二层中央进入，有楼梯登至三楼。底层东西有门，中为走廊，两边是房间，整座建筑庄重、坚实而又简朴。

4. 天主堂

天主堂在丹阳市北环路 66 号，由意大利传教士利玛窦主持建造，呈哥特式建筑风格（图 301）。

三、祠　堂

民国初年，镇江尚有祠堂两百多所。一类为家庙，是族人祭祀祖先之场所；另一类为纪念名贤的祠堂，供人瞻仰和供奉。现在，镇江祠堂多改为学校或民居，部分已经废弃。

（一）原凌家祠堂

镇江老城离四牌楼不远，东至解放路，西转南至大西路，有一条长约 162 米的道署街，街上有一座道署衙门。这里曾是宋代书画家米芾的私人住宅，清朝，道台下令建衙门于此。清亡后，衙门成为镇江县政府办公地。1921 年，颜料商凌焕曾购买衙门部分地皮，创办敏成小学，建造凌家祠堂。

敏成小学现改名为解放路小学。走进解放路小学，南面一座中国传统建筑，外墙被粉刷一新，屋顶依然保留了中国传统建筑飞檐翘角的形制。建筑南面房基下刻有“敏成别

图 302 解放路小学校史展厅

墅”四字，现为解放路小学校史展厅（图 302）。

道署衙门附近已成现代化小区，小区边上的高墙大院内有凌家祠堂。祠堂正门用砖头封了起来，涂上白垩，中间安装了玻璃窗（图 303），门头上残存的砖雕依然精美。大门前分立着两个抱鼓石，一面刻漩涡状卷叶，刀法虽浅却圆婉流畅；一面刻动物，起突分明，柔中见刚（图 304）。现为镇江市文物保护单位。

图 303 原凌家祠堂大门

图 304　原凌家祠堂大门前抱鼓石

(二)原茅氏宗祠

茅氏宗祠在镇江市梳儿巷31号,是著名桥梁专家茅以升的故居(图305)。现为镇江市文物保护单位。

图 305　原茅氏宗祠

（三）原彭公祠

彭公祠在北固山甘露寺大殿之西，为纪念两江总督彭玉麟而建。两层平台依山而筑，磨砖门楼高大挺拔，八字照壁分立两侧，门前一对年代久远的石狮，部分已残，檐下层层斗栱，雨挞板被重新油漆后，其上雕刻漫漶顿见（图306）。磨砖门横额上刻“江山生色”（图307），额枋开光内砖雕人物、花鸟，刻工略显拙硬。彭公祠正屋和东侧屋均为三进，正屋檐下斗栱和雨挞板也重新油漆，福、禄、寿星失去了古朴的韵味。船篷原本雕刻精美的月梁、龟背等，也因为被重新油漆而变得一片模糊，难以入目（图308）。

图306　彭公祠檐下油漆一新的斗栱和雨挞板

（四）原朱文公祠

朱文公祠堂原在新区姚桥镇儒里乡，清雍正三年（1725），朱怀庆为纪念朱熹，重建于北固山后峰、甘露寺山门西北，后数度遭毁，现仅剩屋宇式硬山磨砖大门与砖雕门罩（图309），门额上“朱文公祠”题匾四周，砖雕连续的卍字、梅花等纹饰，刻工极精（图310）。

图307　彭公祠砖雕门罩

图308　彭公祠船篷下木雕

图 309　朱文公祠大门

图 310　朱文公祠门罩砖石雕刻

(五)原朱氏祠堂

镇江新区姚桥镇儒里朱氏宗祠始建于明末清初,占地 1200 平方米,距今已有 500 年历史。

朱氏祠堂共三进十七间,古色古香,保存完好。朱熹出生于江西,其第 21 代后人迁至丹徒儒里,分布于谏壁等地,朱氏祠堂即为朱熹后人所建。祠堂正门宏伟,气势磅礴,正中有红底金字“学达性天”匾额,系康熙御赐(图 311)。学达性天,指学问通于天地。祠堂内有一棵桂花树,相传此树和这座房子一样古老。祠堂第一进清水磨砖门楼字匾上刻“虹井流芳”四个大字。当地流传,朱熹之母梦见彩虹落井而怀孕生下朱熹。磨砖余塞墙作菱形拼接,分列于大门两边(图 312)。上额枋四个方形开光内砖雕人物,表情刻画生动,衣饰只以简单线条勾勒,有汉俑般的简约之美(图 313),四周的背景雕刻已被铲除,下压 27 个“寿”字;中额枋砖雕全毁;下额枋三个开光内分别刻福、禄、寿三星和人物图案(图 314);白石门楣上雕刻双龙戏珠吉祥图案(图 315),兜肚亭台楼阁人物砖雕已毁。仪门设屋宇式悬柱门罩,檐下三层砖作,上额枋雕三组花卉,门额正中刻“紫阳世泽”,紫阳是朱熹别号,“紫阳世泽”即指朱熹整理后

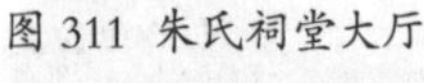

图 311 朱氏祠堂大厅

图 312　朱氏祠堂第一进雕花门罩与左右宽大的磨砖余塞墙

图 313　朱氏祠堂第一进门罩额枋上人物砖雕

图 314　朱氏祠堂第一进门罩下额枋福禄寿星砖雕

图 315　朱氏祠堂第一进雕花门罩

的儒学泽被后世之意。兜肚刻人物、亭台、骏马，刀法简洁，剔地利落；下额枋锦袱内刻画连续梅花纹，门楣石上浅刻象征吉祥的连续方胜纹和笔锭（图 316）。门枕石刻凤凰麒麟回首顾盼和仙鹤祥云（图 317），地栿刻植物花卉图案，刀工虽精，略显刻板（图 318）。

图 316　朱氏祠堂仪门门罩砖石雕刻

图 317 朱氏祠堂仪门门枕石

图 318 朱氏祠堂仪门石雕柱础和地栿

图 320　张氏宗祠头进大院雕花门罩与左右余塞墙砖雕

图 319　张氏宗祠大门前乾隆年间石狮

图 321　张氏宗祠头进大院门罩额枋砖雕

（六）原张氏宗祠

镇江新区姚桥镇儒里村张氏宗祠建于明末清初，距今 300 多年，占地 1600 平方米。古屋 3 进，前进七开间，后两进五开间。大门前有一对乾隆年间大石狮（图 319），6 根旗杆已失，门前有荷池一方，东侧两棵银杏树，土垄上有柏树环绕。相传张氏系西汉留侯张良后裔，族人张睦（北宋真宗时代人）为敦睦堂始祖。敦睦堂于婺源分派，21 世孙张衡于明代嘉靖年间（1530 年左右）迁儒里定居。张氏居此繁衍子孙，建祠勒石“垂裕后昆”，教育后代均以宽宏敦睦为本，世代相传，人才辈出，祠堂内曾悬挂功名匾 20 余块。

相传清相张玉书随乾隆帝南巡至此，见张氏宗祠欲进，族人不允，张玉书只好送匾，上书“義门”，但是義字下面的“我”字少了一撇，意为：是我也，非我也。后张玉书被族人收为义子。此匾今藏镇江博物馆。

张氏宗祠头进大院雕花门罩高大气派，磨砖余塞墙分列两边（图 320）。上额枋刻山、

图 322　张氏宗祠头进大院门罩额枋福禄寿星

图 323　张氏宗祠头进大院门罩额枋“指日高升”砖雕

水、桥、人物等图案(图 321),人脸多遭破坏,字匾内刻“垂裕后昆”四个字,遒劲有力,分外壮观。兜肚上砖雕传说故事人物,部分已遭铲除。额枋刻福、禄、寿、喜等吉祥人物图案和卷草纹(图 322、323)。荷花柱各雕有蝙蝠和花篮,镂雕精美,十分罕见。

从头进大院入大厅。大厅彻上露明造(图 324),梁柱粗大,楠木梁数根最为贵重,卷叶状柁墩,脊檩两侧置卷云状蝴蝶木,蜀柱和山雾云亦加雕刻,檩下镶简洁的花替(图 325)。大厅船篷轩下,冬瓜梁直顶望砖,雀替和花替作简单雕刻(图 326)。从大厅入院子,北为正房,木雕格扇门已被重新油漆(图 327)。

图 325　张氏宗祠大厅大木作雕刻精美

图 324　张氏宗祠大厅内梁架彻上露明造

图 326　张氏宗祠大厅船篷轩

图 327　张氏宗祠正房木格扇门

图 328　张氏宗祠“敦睦堂”轩下木雕

南为门楼，东西侧是回廊，最后一进是平房，“敦睦堂”匾额挂于堂前，梁上刻有《十二生肖图》，颇为少见(图 328)。院内大青石地坪已易为水泥地，东西两边有月台，为后人所建。

目前，张氏宗祠经过一年多的修缮，已全部完工，正在布置周边环境，逐步完善配套服务设施，打造为集垂钓、休闲、餐饮、住宿等一条龙服务的旅游观光古建筑群。

（七）原孙家祠堂

孙家祠堂位于新区丁岗镇观音街，原有三进五开间，已毁，仅存大门。正面设清水磨砖门罩，除了门额正中刻四个大字外，并无其他雕饰（图 329）。入内回望，见一座高大的垂花门式门罩，其上雕饰极尽繁满（图 330），人物砖雕基本损毁，只剩下一些卷草图案，刻工略嫌细碎。回纹大镶边围裹字匾和兜肚，刻工精细而利落。上额枋正中刻五蝠（福）祥云，两边各一组人物、亭台和仙鹤（图 331）。

图 329　孙家祠堂大门

图 330　孙家祠堂大门反面雕花门罩

图 331　孙家祠堂大门反面门罩砖雕

(八)原何家宗祠

何家祠堂位于新区大路镇西戴村顾何村,目前仅剩大门与清水磨砖雕花门罩(图 332),其余均已塌毁。门额中心刻“报本追远”,两旁刻亭台楼阁和人物,被毁。下额枋中间刻瓶子里插了三支戟,寓意“平升三级”;左边刻如意,右边刻笔和锭,寓意“必定如意”,两旁雕流畅的卷草纹。汉白玉门楣上浅刻连续方胜纹(图 333)。整个门罩雕刻不深,线条流转生动,简洁中见功力。

图 332　何家宗祠雕花门罩

图 333　何家祠堂门罩砖雕

图 334　解氏宗祠正厅

（九）原解氏祠堂

葛村原名润东蓝野，又名马家岗，南宋初年，山东滋阳县葛村人解寿辉随宋高宗赵构南渡至此，为不忘故土，将此地命名为葛村。

解氏宗祠位于新区丁岗镇葛村，始建于明末崇祯八年（1635），占地面积约 1470 平方米，坐北朝南，主体建筑全部为砖木结构，歇山式，呈逐步升高之势。原正厅共四进，后两进为楠木建筑，工艺极其考究，布局严谨，气势宏伟，是镇江保存较好的明代建筑（图 334）。

宗祠曾用作葛村小学，部分建筑被拆毁，从 2008 年起，镇江新区通过专门拨款和村民集资的方法对宗祠进行了修缮，原被拆毁的二进、后进祖堂以及两边的 6 间分祠，均已按原貌修建（图 335、图 336）。现为市级文物保护单位。

图 335　解氏宗祠已恢复原貌

图 336　恢复原貌的解氏宗祠内景

图 337　原殷氏祠堂石雕钩阑

（十）原殷家祠堂

殷氏祠堂位于丹徒区黄墟镇，建于清朝，原房共三进二十七间，厅前设露天祭台，后进设供奉祖宗的灵龛，两侧有孝子楼，祠堂门前有高大的旗杆石和抱鼓石。解放后，殷氏祠堂改建为黄墟小学。

穿过黄墟小学的教学楼，是学校图书馆，馆前有一个庭院，三面围以石雕钩阑，正中设一对巨大的抱鼓石（图 337、图 338）。穿过图书馆，进入大厅，内设船篷，刚刚油漆一新（图 339），石柱础撑起的大木柱同样红漆蹭亮，石柱础上的雕刻繁缛而精美，显示了当年殷氏家族的富有（图 340）。

图 339　原殷氏祠堂内船篷

图 338　原殷氏祠堂庭院两侧入口石
反砖雕,圆浑古拙而有张力

图 340　原殷氏祠堂内柱础石雕繁缛精美

图 341　萧氏宗祠外观

(十一)原萧氏宗祠

丹阳市访仙镇有萧家村,全村三四百户皆姓萧,传为南朝齐、梁后裔的分支。萧家村萧氏宗祠始建于元代,明代重新修整。祠堂共三进,硬山屋面,坡度较大(图 341)。前进已毁,中进已改为住宅,红砖墙是后人所筑,石雕被砌入墙基(图 342),砖雕"鹤鹿同春"和"雀鼠喜竹"砌于两侧墙上(图 343)。中进有雕花门罩,门已被堵,额枋上精美的砖雕基本被破坏,石额上刻"永言孝思",以作家训(图 344)。后进是供奉列祖灵龛的地方。1999 年,萧氏宗祠被列为丹阳市文物保护单位,目前已全部翻新。

图 343　萧氏宗祠中进新房房基砌雀鼠喜竹石雕

图 342　众多石雕被砌入萧氏宗祠中进新房房基

图 344　萧氏宗祠中进门罩砖雕

图 345　邹家祠堂仪门门罩

（十二）原邹家祠堂

邹家祠堂位于丹阳市埤城镇尧巷村，目前仅保留第一进，并已用作厂房，其余房屋已毁。仪门设水磨青砖雕花门罩，门罩正面字匾刻“晋陵分派”，两旁兜肚内砖雕人物部分被毁。上额枋右侧砖雕被铲除，左侧雕梅花和牡丹。石门楣刻连续方胜纹，正中刻笔、锭和如意，束腰刻蝙蝠祥云。左右挂牙各雕两尾鱼，浪花极具装饰性（图 345、图 346）。

仪门反面门罩更为气派，双层垂花门样式（图 347），左右是宽阔的水磨青砖余塞墙。檐下三层砖作，上额枋正中的砖雕人物已遭破坏，从整个门楼的主题分析，应是福禄寿三星，左右仙鹤雕刻得尤其精美，有飞有立，回首俯仰，形态各异，祥云穿插期间，是镇江建筑雕饰中的上乘之作（图 348，彩图 8）。中额

图 346　邹家祠堂仪门门罩砖石雕刻

图 347　邹家祠堂仪门反面门罩与磨砖余塞墙

枋砖雕损毁严重，依稀能看出有船、游龙、人物和亭子，其下剔地平起一排卷草团寿图案。白石字匾内刻“德格甘泉”，左右兜肚内砖雕全毁。束腰剔地平起 27 个字体各异的福、禄、寿字，白石门楣上浅刻简洁的连续卍字纹（图 349）。石地栿刻蝙蝠捧寿。

图 348　邹家祠堂仪门反面门罩额枋砖雕仙鹤翔云

图 349　邹家祠堂仪门反面门罩砖雕

图 350　朱公祠外观

(十三)原朱公祠

朱公祠位于丹阳市后巷镇舟山村,始建于明万历九年(1581),朱栋隆等人合族而建,原有3进,每进3楹。第三进为正室,有匾曰:"南渡功臣"(现已毁)、"叙伦堂"、"进士"。第一进门额曰:"明亚中大夫进阶三品江西兵备使朱公之祠"。现存两进一院(图 350)。为丹阳市文物保护单位。

(十四)原贡氏宗祠

贡氏宗祠在丹阳市延陵镇柳茹村北,始建于南宋。据说南宋时期柳茹村贡祖文冒着生命危险营救培棠村先祖岳霖,而岳霖正是抗金英雄岳飞的三儿子,正被秦桧追杀。人们为纪念贡祖文而建此祠。现为丹阳市文物保护单位。

原祠坐北朝南,三进五开间,清咸丰年间毁于战乱,后重建为小学。1976年小学扩建,拆除了前后两进。现仅存中进5间,面阔约24米,进深约11米,已作修缮(图 351)。大门上悬挂着宋孝宗皇帝

图 351 贡氏宗祠中进大厅

赐给贡祖文的额“旌表忠义”（图 352），门前两边原有石马各 1 尊，现已遗失。中进大厅上挂“萃焕堂”匾额，两边有名人题书匾额多块。厅前设船篷，梁上雕亭台人物(图 353)。前院有银杏一株，距今已有

图 352 贡氏宗祠大门

图 353　贡氏宗祠大厅内船篷

400 多年。

(十五)原王公祠

王公祠在丹阳市柳茹村,始建于明朝天启年间。当年,丹阳南乡遭受蝗灾,时任知县的王志道亲临柳茹,组织百姓灭蝗获得了丰收,当地百姓为颂扬王知县,集资建造了此祠。

1997 年,群众自愿集资将王公祠修葺一新(图 354)。头进是院子,东、西、南三面设券门,北面是祠堂的正门,门上悬挂着“里社干城”匾额,这是王志道得知柳茹村村民为他建祠后,为表感谢,亲笔题写匾额并请人送至柳茹村的。门下一对抱鼓石,上刻动物图案。进大门,过房间,到正厅,一顶官轿位于正厅北面正中,这是民众仿照王志道的官轿做的神龛,神龛里挂着他的画像。神龛两边立着“肃静”、“回避”虎头牌。正厅高处挂有两块匾额“不显亦临”和“惠我无疆”,是王志道调京任左都御史后,民众为怀念他请人题写的。两根柱子上挂着楹联,左联“惩恶扬善左都御史腹中无私心”,右联“除暴安良王公志道怀里备公道”。现为丹阳市文物保护单位。

图 354　群众集资修建的王公祠

图 355 丹阳岳氏宗祠

(十六)原岳氏宗祠

岳氏宗祠在丹阳市全州镇培棠村，始建于南宋宝庆年间(1225—1227)，丹阳县令岳珂为纪念祖父岳飞精忠报国和贡祖文抚孤之恩而建“报本祠”，后毁于战火。清康熙十年(1671)，在报本祠旧址附近新建了“岳忠武祠”，坐北朝南，三进五开间，每进五间。该祠上世纪60年代前尚存，门两旁分立石马，门上雕有门神将军，门顶有“岳氏宗祠”匾额，门内挂着“敕封岳武穆王”贴金匾牌；中进为大厅，正中悬挂岳飞画像，两边挂有“精忠堂”、“尽忠报国”匾额，画像上方挂御题“圣之忠”横匾，院子两边为廊庑；后进置岳氏祖宗神位并设祭台，神龛上方雕有群龙，下方雕有二十四孝人物画像，神位正中竖有“贡文宪之位”牌位。“岳忠武祠”在文化大革命中被毁。1990年初，当地村民集资按原貌重建硬山式五间大厅一进(图355)，大厅内陈列岳飞的塑像。现为丹阳市文物保护单位。

（十七）原林家祠堂

林家祠堂位于丹阳市延陵镇松卜村，门楣上有简朴雕饰。已废弃（图356）。

图356　丹阳林家祠堂大门

（十八）原张家祠堂

张家祠堂位于句容市后白镇芦江村，原建筑五进，建于明中期，现仅存中轴第三进厅房，坐北朝南，五开间，通长 24 米，进深 11 米，七檩，硬山式，屋顶坡度平缓（图 357）。大厅以硕大的楠木为大木构架，俗称“楠木厅”（图 358），厅前后出檐较远，达 1.3 米。两面山墙下部用青砖堆砌，上砌空斗墙并各有砖雕门窗，山墙沿屋顶坡势贴磨砖博缝。厅内立柱下有石覆盆柱础，柱顶卷刹，见宋元“简柱造”遗风，梁上有蜀柱，正中明间脊檩左右下侧有三角形的蝴蝶木，木雕简单。两侧置叉手，梁为月梁，梁底沿边刻双线。整个建筑结构简明，形式古朴，装饰简练。楠木厅现为江苏省文物保护单位。

图 357　张家祠堂第三进厅房

图 358　张家祠堂楠木厅

图 359　原镇江商会仿西式大门

四、仿西式建筑

镇江仿西式建筑最少在两层以上，高大的体量加上细部装饰的点缀，使这些仿西式建筑显得活泼又不失庄重。

（一）原镇江商会

镇江商会在伯先路 73 号，原为洋务局遗址，一幢两进，两层楼，存七十多间房屋。整幢建筑全部以青砖砌成，券门、屋顶等采用西方建筑装饰因素（图 359、图 360）。现为镇江市工商业联合会会址、江苏省文物保护单位。昔日镇江行栈、公馆、公所数以百计，镇江商会居于首位。

图 360　原镇江商会外墙及护栏

图 361　唐老一旧居

(二)唐老一旧居

唐老一旧居在中山东路 160 号,始建于清康熙初年,原为旧式楼房,高约 5 米,宽 3 米;楼下前面一间为门面,后面是作坊,1922 年改建为拱券加立柱的西方样式,顶端观音兜式水磨青砖墙面又见本土因素,大门两旁石刻对联,分别为“起首一正斋唐家老店,工商部注册万应灵膏”和“一心本一德治病救人,正人先正己一丝不苟”(图 361)。现为镇江市文物保护单位。

（三）原税务司公馆

1858 年，清政府将一些城市辟为通商口岸，镇江是其中之一，1865 年设镇江关署。清政府任命英国人赫德为中国海关总税务司，由其选派洋员帮办收税，镇江关收税的机关被称为镇江关税务司。

1912 南京临时政府成立，镇江关由中国人自己管理，税务司公馆内逐渐冷落，周围建筑越来越多，50 年代后成为前进印刷厂的一部分，因长期未得到维护，内外破坏严重。如今已修葺一新。四四方方的两层楼棱角分明，北面和南面中部各设拱券。北面有前伸的柱廊，上下各有 18 个房间，楼上分列拱形的落地窗，窗下部有护栏。

（四）原英国领事馆

原镇江英国领事馆在云台山麓小码头街 1 号。1858 年第二次鸦片战争期间，清政府被迫与英国签订了《中英天津条约》，镇江被辟为通商口岸。1864 年，英国人开始在云台山上建筑领事馆，1888 年初，镇江洋人捕殴华人，群众愤怒焚毁了领事馆及巡捕房等。清政府屈服于侵略者，1889 年赔偿重建，1890 年竣工。现存建筑正是当年所建。整个建筑群称“东印度式”建筑，占地约 460 平方米，共有

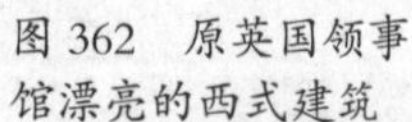

图 362　原英国领事馆漂亮的西式建筑

图 363　原英国领事馆领事官邸

五幢房屋，主体二层，局部三层，均为砖木结构。楼群随山势上下，错落有致，青砖夹红砖砌筑，勾白色灯草缝，加盖钢质黑色人字形铁皮瓦楞屋顶，色彩鲜明悦目（图 362）。办公楼东立面二三层设券廊，每层五个拱券，屋檐下横额上刻有“1890”字样。正副领事官邸由东、西两楼组合而成。西楼三层，东楼地上两层，地下一层。两楼檐高 9 米，有通道连接，屋顶铺黑色钢质大波瓦并设老虎窗。青砖墙壁勾白色灯草缝，外面的门窗上下用红砖砌做腰线，正面大跨度门窗上设弧形红砖拱券，拱角处设两根圆形白色石立柱，起支撑和装饰作用。整个建筑端庄而靓丽（图 363，彩图 27）。

由于英国领事馆建筑风格独特并且保存较好，1996 年 11 月被国务院颁布为全国重点文物保护单位。

（五）原蒋怀仁诊所

蒋怀仁诊所位于伯先路 35 号，建于清光绪三十三年（1907），是镇江最早的私人西医诊所。原建筑以红砖为主，砖、木、石混合结构，共计 40 多间房，为仿欧洲古典建筑形式。拱形窗上部和立柱嵌以青砖，一楼和三楼大门两旁立白色罗马柱，雕花柱头装饰，庄重而靓丽（图 364）。现已全面修复。

图 364　蒋怀仁诊所旧址

图 365　原清水师衙门

（六）原清水师衙门

清水师衙门旧屋位于小营盘15号，光绪年间建造。两幢两层楼，拱券大门，上方匾额刻“树德滋培”，门前十一级台阶。旧署现作民居，外墙破损严重（图 365）。

（七）原亚西亚火油公司建筑

原亚西亚火油公司建筑位于长江路，为清光绪末年、宣统初年英商所建的两层西式洋楼，砖木结构，当时为火油公司营业厅（图 366）。现为镇江市文物保护单位。

（八）原老邮政局建筑

老邮政局建筑在京畿路，是一座典型的西式建筑，始建于清光绪年间。现为镇江市邮电发展史陈列室（图 367）。

图 366　原亚西亚火油公司建筑

图 367　老邮政局建筑

图 368　严惠宇别墅

(九)大康新村别墅

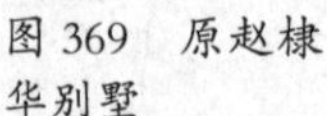

图 369　原赵棣华别墅

大康新村在镇江市健康路9号，由三座西式别墅群组成，建于1935年，分别属于赵棣华、李韧哉和严惠宇三位镇江人。李韧哉别墅已被拆除。严惠宇致力于教育、卫生和实业的发展，为镇江的发展作出了巨大贡献，其别墅长期无人居住，已经非常破落(图368)。赵棣华毕业于美国西北大学，民国时期任江苏农民银行总经理，其别墅被改建为大康肥牛城(图369)。两幢别墅均为两层砖木结构楼房，四坡水平瓦屋面。现为镇江市文物保护单位。

图 370 箴庐

（十）箴 庐

箴庐位于镇江市健康路，始建于民国时期，1935 年竣工，西式二层楼房，占地面积约 170 平方米（图 370）。该建筑为纪念镇江女子蚕桑职业学校的创办人之一唐儒箴而建。20 年代，为提倡男女平等，女子解放，推广新文化，冷御秋力主倡办女子学校，唐儒箴主动捐出二十六亩地给中华职业教育社作为创办女子学校之用，建成“私立镇江女子职业学校”。后因日寇入侵而停办。现为镇江市文物保护单位。

（十一）原金山饭店

原金山饭店在伯先路 27 号，建于清末民初，西式两层楼房，四开间，四坡水屋面，青砖砌筑，红砖镶嵌弦边，临街各间设有券门和拱窗（图 371）。现已修复一新。

图 371 镇江金山饭店

五、公 所

唐宋时期，镇江就有“银码头”的美誉。第二次鸦片战争以后，镇江被列为通商口岸，各商行日益兴旺，尤以江广业（经营糖、南北货、洪油和麻香等）、江绸业（经营镇江丝绸）、米业、木业和钱业为最。因商务之需，会馆和公所应运而生。会所建筑在镇江尚有部分遗存。

（一）原广肇公所

广肇公所在伯先路 82 号，建于清光绪三十三年（1907，彩图 2）。广肇是广州和肇庆的合称。民国期间，广东客商们云集于此。公所坐东朝西，有厅房、正房、偏房、厢房二十多间，占地近 600 平方米，围墙高大幽深。门楼高大轩昂，砖石雕刻极其精美（图 372）。字匾下方的额枋雕琴、棋、书、画图案。下额枋正中长方形开光内雕福、禄、寿、喜四星（图 373），“渔、樵”和“耕、读”两组适合图案分列两边，人物形象简洁生动（图 374）。人物按地位尊卑，大小不等。大门石地栿上刻龙戏珠图案，刻工虽浅，却游刃有余，极富韵律美（图 375，彩图 4）。大门里面则作清水磨砖

图 372 广肇公所大门

图 373 广肇公所门楼上福、禄、寿、喜四星砖雕

图 375　广肇公所大门石雕地栿极具韵律美

图 374　广肇公所门楼上“渔、樵”和“耕、读”砖雕

图 376　广肇公所门楼反面罩

门楼，雕饰简朴（图 376）。正厅已毁，其余房屋皆存。现为江苏省文物保护单位。

（二）原布业公所

布业公所在布业公所巷 26 号，建于清光绪年间，前后三进，为典型的“目”字型四合院。昔日镇江布店店主常在此议事。如今，布业公所的磨砖大门被水泥无情地破坏，中间安装了个冰冷的铁皮门，雕有三狮盘球的抱鼓石只露一半在墙外，另一半被砌进水泥墙内。老房子如此遭遇，令人心痛（图 377）。

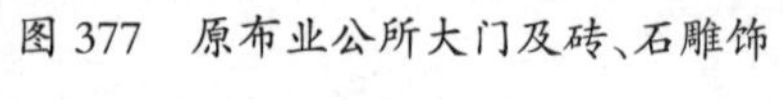

图 377　原布业公所大门及砖、石雕饰

（三）原泾太公所

泾太公所在新河街 8—10 号，当年旅居镇江的陕西泾河、泾阳和山西太原商人曾在此聚会，由此得名。西半部前后两进，东半部前一进，后为单间。现为民居。当年雕花门仅门额上的字尚能辨别。

（四）原米业公所

米业公所紧临泾太公所，在新河街 11 号，建于清同治五年（1866）。前后四进，为穿堂式建筑。八字磨砖门楼早已被涂料掩盖，连“米业公所”四个字都难以辨认。

（五）原鸿余油号

鸿余油号在小营盘 7 号，民国初年建造，两进中式传统砖木结构平瓦房。清水磨砖大门，白石匾额内刻“鸿馀”两字，砖雕镶边，石门楣上有线刻图案（图 378）。

图 378　原鸿余油号大门

六、戏　台

（一）城隍庙戏台

镇江凤凰岭临近月华山，岭上原有一城隍庙。相传凤凰岭在西汉初年是大将军纪信血食之地。当时镇江人拜纪信为城隍老爷并建城隍庙供奉。如今，城隍庙早已不存，只留戏台在凤凰岭饭店内。走进凤凰岭饭店院落，右边是一座仿古建筑，青砖墙，八字形照壁古朴而典雅，城隍庙戏台就在这座仿古建筑的北面，已被饭店占用（图 379、图 380）。戏台

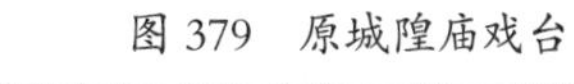

图 379　原城隍庙戏台

图 380　原城隍庙戏台二楼

顶部的藻井最为精彩，四周斗栱衬托天花，以八块木质花格拼制，分两组交错雕刻梅花冰裂纹与如意，中部逐步向上收缩，底部八面有龛，各龛相通，演出时起共鸣腔之作用。太师壁彩绘（图 381）。现为镇江市文物保护单位。

（二）火星庙戏台

火星庙戏台在镇江市区十六中内，建于清代。台坐北朝南，屋角高翘（图 382）。东西两侧有走廊并有五架梁房屋 9 间，为雅座包厢，中间天井供散客看戏，木栏杆上刻有如意云纹绶带蝙蝠、“文王求贤”、琴棋书画、福禄寿三星及双童子掌大扇、招财进宝等图案。戏台被重新油漆过后，图案已不清晰。后台与前台相连，当年，每年农历 6 月 23 日都要在此举行庙会，演戏，致祭，十分热闹。

图 381　原城隍庙戏台顶部藻井

图 382　火星庙戏台

（三）东岳庙戏台

东岳庙戏台在镇江市谏壁中学内，原是东岳庙旧址，始建于晚清，历经风雨，于 2001 年重新维修出新。现为丹徒区文物保护单位。

戏台上下两层，砖木结构，青砖灰瓦，圆木立柱，敞开式窗格。休息室、化妆室、卧室和演出台一应俱全，台口突出，台下以四根花岗石柱支撑，台上设木围栏，大屋顶翘角极高，给人以张扬之感（图 383，彩图 5）。檐下三层斗栱全部饰以彩绘，很是艳丽。屋顶正中层层斗栱围成藻井，同样饰以彩绘（图 384）。

图 383　东岳庙戏台

图 384　东岳庙戏台二楼彩绘斗栱藻井

七、其　他

（一）西津渡

西津渡古街在镇江市西北云台山麓，昔日濒临江口，傍山而筑，风景俊美。这里是镇江文物古迹保存最多、最集中、最完好的地区，因此也成为镇江作为历史文化名城的名片（图385、图386）。古街全长约1000米，始建于六朝，历经唐宋元明清五个朝代，形成如今的建筑规模，所以，整条街随处可见六朝至清代的历史遗踪（彩图21）。

救生会始建于康熙三十一年（1693），距今已有300多年历史。事实上，由于西津渡特殊的交通位置和军事地位，早在宋代，时任镇江郡守蔡洸就在西津渡设立了救生会。清后期，由镇江和扬州的绅士发起，成立了京口救生会、瓜洲救生会和焦山救生会总局，专门从事义务打捞沉船和救生事宜。此后，镇江救生会代代相承，鼎盛时期甚至发展到江苏、安徽、湖北等地，直到上世纪20年代，救生会才终于完成了它的历史使命（图387）。现在，其他救生会遗址已荡然无存，只有镇江救生会建筑1999年政府出资修葺后，保存最为完整，2001年获联合国教科文组织亚太地区优秀遗产保护奖。现为江苏省文物保护单位。

民间传说，大慈大悲的观世音菩萨途经镇江时，亲眼目睹了江面上船毁人亡的惨烈一幕，于是伸出援手，将挣扎在波涛中的遇难者救上了岸。人们感恩观世音菩萨的恩德，在昭关石塔的山体上凿出观音洞。观音洞始建于宋朝，清咸丰九年（1859）重新修葺。观音洞洞门外有一个三层的铜鼎，洞口上方石额刻“观音洞”三字。石额两侧悬挂着已故茗山法师题写的对联：“兴无缘慈随类化身

图385　西津渡古街入口

图386　西津渡古街全长约1000米

图387 西津渡古街上救生会旧址

紫竹林中观自在，运同体悲寻声救苦普陀岩上见如来”。

西津渡沿街有五道券门。第一道券门是“西津渡街”（图388），由中国佛教协会主席赵朴初先生题写，券门反面匾额内是秦篆“吴楚要津”，因为镇江在战国时代是吴文化和楚文化的交汇点，有“吴头楚尾”一说；第二道券门是“同登觉路”（图389）；第三道券门是“共渡慈航”（图390）；第四道券门是“飞阁流丹”（图391）；第五道券门是“层峦耸翠”（图392）。这些题额，不仅指出西津渡景色特点，同时也祝福行人旅途平安。

西津渡古街中最有价值的当属昭关石塔。这是一座过街石塔，为元武宗海山皇帝命令建造，元大都白塔寺工匠刘高主持建造。塔基东西两面刻有“昭关”两字，故称“昭关石塔”，或称“喇嘛塔”，又因塔形似石瓶而被

图389 “同登觉路”券门

图 388 “西津渡街”券门

图 392 “层峦耸翠”券门

图 391 “共渡慈航”券门

图 390 “飞阁流丹”券门

图 393　西津渡古街上昭关石塔是我国惟一保存完好、年代最久的过街石塔，为国家文物保护单位

称为“瓶塔”，且“瓶”谐音“平”，意指南来北往的行人过此一路平安。昭关石塔高约5米，分为塔座、塔身、塔颈、十三天和塔顶五部分，全部用青石分段雕成。塔座分两层，塔座上有一个覆莲座，塔身偏圆，呈瓶状。再向上是亚字形塔颈，又有一个覆莲花座，再上面是十三天和仰莲瓣座，仰莲瓣座上有法轮，法轮背部刻有八宝饰纹，塔顶亦呈瓶状（图 393）。昭关石塔是我国惟一保存完好、年代最久的过街石塔，为国家文物保护单位（彩图 1）。

（二）伯先公园

伯先公园坐落在镇江城西云台山东南麓，为纪念近代民主革命先烈赵声（伯先）而建立，总面积约 8.6 公顷，是镇江市内唯一一座纪念性公园。公园始建于民国十五年（1926），由著名园林专家陈植设计，民国二十年 6 月竣工。民国二十六年抗日战争爆发，公园遭毁。解放后，镇江市人民政府拨专款进行了重修。公园内现有伯先祠、“五卅”演讲厅、绍宗藏书楼、算亭、齐云亭等建筑景观。

1. 伯先祠

伯先祠位于镇江城西云台山东南麓的伯先公园内，为纪念近代民主革命先烈赵声（伯先）而建，始建于民国 20 年（1931），1970 年被拆毁，只剩祠基。2007 年，镇江市人民政府拨款恢复重建，现祠为歇山重檐式，砖混结构，长 18.7 米，宽 15.5 米，高 12.2 米，面积 290 平方米（图 394）。

2. “五卅”演讲厅

“五卅”演讲厅在镇江城西云台山东南麓伯先公园内。1925 年 5 月 30 日，上海发生了“五卅”惨案。同年 6 月 5 日，镇江举行了大规模游行示威活动。6 月下旬，镇江各界开始抵制日货，并重金处罚那些藏有日货的奸商。1926 年，为纪念镇江人民的爱国壮

图 394　伯先公园内伯先祠

举,用罚款建造了“五卅”演讲厅。

演讲厅为两层砖木结构,重檐歇山式,四檐角高高翘起,屋脊两端置吻兽。整个建筑全长 28 米,宽 19 米,全部以青砖堆砌,古朴大方,两山墙有雕花图案,四面墙壁有玻璃窗,底层四面有环廊,廊柱高 3.7 米,廊宽 2.2 米,室内东端为讲台,楼上四周有楼座。墙基南北两面各有白石题刻一方,题有相同字样“中华民国十四年八月镇江各界纪念五卅惨案建筑此厅永示不忘”(图 395)。厅内设有镇江“五卅”运动文物资料陈列馆。现为省级文物保护单位。

图 395　伯先公园内“五卅”演讲厅

3. 绍宗藏书楼

绍宗藏书楼原本在金山，名“文宗阁”，是分藏清代《四库全书》的七阁之一，太平天国年间被毁。30 年代初，吴寄尘先生重建于伯先公园内山顶南部平台。

藏书楼为二层西式楼房，中间附加一楼阁，钢筋混凝土结构，青砖砌墙，外抹一层水泥，坐北朝南，面阔五间，占地面积 212 平方米。南正立面中三间呈内凹状，两边稍间面积较大，用为书库。楼中间为大门、明间，并设梯可登至阳台式平顶。院落前的门柱上嵌“绍宗国学藏书楼”、“中华民国二十二年立”石刻。藏书最多时达 8 万余册。现为镇江市文物保护单位(图 396、图 397)。

4. 算亭

算亭位于伯先祠旁，原名“二翁亭”，据说由浮玉和尚建于算山之顶，因丹阳新旧太守林希和杨杰登上该亭观江景而得名。后因诸葛亮和周瑜同登云台山，共谋破曹大计，改名为算亭，后被毁，1986 年恢复重建，高 5.2 米，六角砖木结构(图 398)。另外，伯先公园西南

图 396　伯先公园内绍宗藏书楼大门

图 397　伯先公园内绍宗藏书楼为两层西式楼房

图 398 伯先公园内算亭

侧还有一座齐云亭(图 399)。

(三)梦溪园

梦溪园在镇江市梦溪园巷 21 号,是北宋科学家沈括晚年居住的地方,《梦溪笔谈》即写于此。历史上的梦溪园本是一座宋代文人庭院,现在的梦溪园则由镇江市政府于 1985 年在原址附近恢复修建,占地约 1200 多平方米,前后两幢建筑均为青砖木结构平房。前幢为硬山顶,坐东朝西,简洁的磨砖门罩上方嵌有茅以升题写的“梦溪园”大理石匾额(图 400)。入内,第一进为纪念室,正中悬沈括正面画像,左右两侧为接待室兼陈列室。出第一进,见一方小巧精致的庭院(图 401)。后幢为清式厅房,坐北朝南,内有沈括全身坐像和文字图片、模型、实物,展现了沈括在天文、地理、数学、化学、物理、生物、地质、医学等方面的科研成就。现为镇江市文物保护单位。

图 399 伯先公园内齐云亭

图 400　梦溪园大门

图 401　梦溪园内小巧精致的庭院

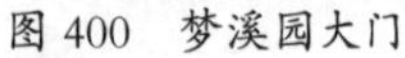

（四）南山风景区

从镇江市区南行数公里，到镇江市竹林路 98 号，便是省级自然风景保护单位——镇江南郊风景区。这里群山环抱，青峦错落，满山苍松翠柏，参天拔地，绿树葱茏，有珍禽奇鸟，有亭台楼阁，有竹林流泉，风景清幽，美不胜收。春夏之际，但闻鸟鸣千啭，蝉吟不穷，清泉淙淙，一片清凉世界；晚秋时分，红叶经霜，灿然若火，浓荫藏寺，五色纷披，更是一幅幅图画。宋代大书画家米芾赞之为“城市山林”。南山风景区内有诸多人文景观，虽静居山中，却久负盛名（图 402）。

1. 读书台

昭明太子萧统，字德施，南朝兰陵（今常州）人，梁武帝长子，性爱山水，聪慧好学，被立为太子后，在招隐寺读书，招集文学名流在增华阁编辑《文选》三十卷，即著名的《昭明文选》。《昭明文选》是我国第一部韵文、散文合集，对后代文学有重大影响。

读书台建于山腰，为小巧平房，面阔三间共 12 米，单檐歇山顶，

图 403　昭明太子读书台

现建筑为清同治年间江南提督冯子材重建。门旁柱上有楹联曰："妙境快登临，抵许多福地洞天，相对自知招隐乐；伊人不可见，有无数松风竹籁，我来悦听读书声。"房屋四周有回廊，窗明几净，环境清幽。内有石案一块，长约 1.3 米，宽约 0.5 米，厚约 10 厘米，为太子伏案处（图 403）。

2. 增华阁

从读书台沿台阶往上见增华阁，为当年昭明太子编辑文选的地方。现建筑为后人重建，二层楼房，砖木结构，单檐歇山式，门旁楹联书："景仰古贤风，此地得江山之助；熟精文选理，斯人与翰墨为缘"（图 404）。

萧统云集天下才学贤士包括《文心雕龙》作者刘勰，在增华阁编纂了我国第一部文学总集——《昭明文选》。《文选》入选之作，上起周代，下迄萧梁，文体各异，大都文质并重，辞藻华丽，在中国文学史上有重要地位。阁

图 402　南山风景区牌楼式山门

图 404　南山增华阁

内正中墙上有《增华选文图》,左墙角有博古架,陈列昭明文选样本。

3. 听鹂山房

听鹂山房坐落在增华阁东北山腰。过去这里古树参天,浓荫蔽日,风凉清幽。招隐山上花鸟众多,尤以黄鹂为最,终日鸟声不绝,宛转动听。戴颙隐居此山中时,最爱听黄鹂鸣叫,常携带酒和柑桔,独坐绿荫中聆听黄鹂歌唱,终日不厌。这就是《千家诗》和《幼学注解》等书中所记载的“戴颙斗酒双柑听鹂声”典故的来历。其曲调作品很多得益于黄鹂的歌鸣,其中《游弦》《广陵》《止息》三曲尤为传世佳作。后人为纪念他,建造了这座听鹂山房。山房有门联曰:“泉韵每清心,自有山林招隐逸;莺声犹在耳,好携柑酒话兴亡”(图 405、图 406)。

4. 如斯亭

听鹂山房旁边有如斯亭,单檐三角,如大鹏展翅,一侧连接长廊。亭旁立“如斯亭碑”(图 407)。

图 405　南山听骊山房大门

图 406　南山听骊山房第二进屋宇

图 407　南山如斯亭

5. 虎跑泉

虎跑泉位于山路左侧，相传东晋法安禅师初来山时，饮水困难，老虎为他掘出此泉，故名虎跑泉。方形池子中有井，泉眼在井中，水很清澈，可烹茶。现池为明嘉靖年间袁继祖重砌，并改名“万古常清池”，表明泉水常年清澈见底。池旁石壁上嵌有“虎跑泉”三字碑刻，为明崇祯年间知府程峋所书（图 408）。泉上有虎跑亭，又名虎泉亭、万古长青亭，长方形，设计简洁大方（图 409）。

图 408　南山虎跑泉

图 409　虎跑泉上万古长青亭

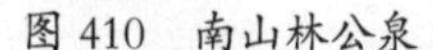

图 410　南山林公泉

6. 林公泉

林公泉位于山腰，因为是明代林皋禅师所凿而得名。泉名石额为清代书法家陆润庠所书。有石砌方池，泉水清澈，背依山崖，岩石嶙峋，颇具古意（图 410）。

7. 挹江亭

由林公泉沿通道迂回曲折至最高处，见挹江亭，六角形，石柱上有联："来时觉幽奥，到此豁心胸"。亭中小坐，可荡涤心胸，开阔视野，北望烟波浩渺的长江和雄壮秀丽的京口三山（图 411）。

8. 鸟外亭

鸟外亭位于南山山顶，因亭高出飞鸟，故名，始建年不详，清初尚存，毁于太平天国战火。现亭为后人重建，混凝土仿木结构，圆形，单檐尖顶，直径 6 米。亭内有石凳石桌，供游人休憩。登临远眺，江山景色，尽收眼底（图

图 411　南山揽江亭

412）。

图 412　南山鸟外亭

9. 文苑

文苑位于竹林寺之东，是一组由堂、亭、回廊和水榭连为一体的仿古建筑群，是为纪念我国南朝著名文学理论评论家刘勰及其文学评论巨著《文心雕龙》而建的主题公园，落成于 1997 年 12 月 1 日，占地四公顷，依山傍水，环境幽雅，既有深厚的文化底蕴，又有迷人的景色。

文苑的主体建筑为文心阁和学林轩。文心阁为二层歇山式仿古建筑，内部则按照现代实用的要求进行装修。龙学泰斗杨明照先生为文心阁题名，正门两侧楹联："丹青初炳而后渝，文章岁久而弥光"。这是《文心雕龙》"指瑕"篇中的名句，为原中国佛教协会副会长、焦山定慧寺方丈茗山大师所题。学林轩为单层歇山式仿古建筑，喻意此地为镇江历史名人荟萃之所。轩中陈列着镇江历代中外

文化名人及其在文学、艺术、科技等方面的突出成就，图文并茂，形神兼备，体现了镇江作为历史文化城市的深厚底蕴。

园内开挖了雕龙池，池上筑知音亭，与文心阁交相辉映。学林轩门前还建有水榭歌台，丰富了园景（图 413、图 414）。

图 413　南山文苑主体建筑文心阁

图 414　南山文苑景区内知音亭

图 415　南山芝兰堂

10. 芝兰堂

芝兰堂为单檐歇山式仿古建筑，三开间，一侧迴廊连接房屋和景亭，整体风格与南山风景区环境相协调，作为招隐景区的接待和会议场所（图 415）。

11. 映山厅

映山厅位于杜鹃园内，单檐歇山式仿古建筑，三开间，两侧连接长廊，依山傍水（图 416）。

12. 和畅轩

和畅轩为单檐歇山式仿古建筑，临水而建，周围环境优美而肃静（图 417）。

13. 选亭

选亭是为纪念 2002 年 10 月在招隐寺召开的《文选》国际学术研讨会而建，亭身主体为十字形，檐角高飞（图 418）。

图 416　南山映山亭

图 417　南山和畅轩

图 418　南山选亭

(五)华阳书院

华阳书院始建于明弘治十八年(1505),为当时礼部尚书李春芳所建,后中央提学御史常驻句容,句容成为江南教育重镇,句容县督学遂创建督学院署,逐渐扩大其规模,增设了考棚、大堂和阅卷所等多处建筑。1741年,县令宋楚望在督学院署的阅卷所创办了华阳书院。太平天国期间,华阳书院多次遭到战火烧毁。1865年,知县左光斗筹集资金,在县城购买民房,重建华阳书院,前后五进,砖木结构,硬山,小瓦屋面,斗子墙,共计30多间房,于1869年开始授课。1901年,清政府下令全国书院改为学堂,华阳书院被改为官立第一高等学堂,从此结束了其作为书院的历史。

华阳书院遗址在句容市人民医院内,现已搬迁至葛仙湖公园,共三进,前进为平房(图419),二、三进为两层楼。梁柱做法比较考究,内有彩绘。现为句容市文物保护单位。

华阳书院外,葛仙湖公园内还建有大圣塔和葛仙观。句容大圣塔始建于西晋咸宁年间,因供奉大圣僧迦神像而得名,曾是古句容城的标志性建筑,初为木结构,宋时改为砖结构。1926年遭火灾,塔内木结构被焚,1975年被拆除,只存《崇明寺大圣塔碑》及金佛一尊。2002年春,句容市政府于葛仙湖公园重建大圣塔,高89米,9层塔体,

图419 华阳书院第一进大厅

图 420　葛仙湖公园内大圣塔

外观承宋代旧制，为正八角形，四周副阶敞开，饰汉白玉石栏杆。各层琉璃瓦覆顶，飞檐翘角下挂铜风铃，古色古韵。钢筋水泥结构，内设电梯和步行梯。游人登上塔顶，可俯瞰市区全貌（图 420）。大圣塔碑文为余秋雨所作。

葛仙观原名“青元观”，始建于宋皇祐二年，已有九百多年的历史，由葛玄、葛洪的故宅改建而成，供奉葛玄、葛洪二位真人，原观内建有紫微、北极、三官、东岳四房道院，并有葛玄炼丹用井一口，即“青元丹井”，井栏收藏于华阳书院内。20 世纪 70 年代，葛仙观被全部拆除，2002 年 9 月，经句容市政府批准，由茅山道院出资重建葛仙观。新观位于葛仙湖公园西北，占地面积十五亩，主要建筑有：棂星门（图 421）、牌楼、灵官殿、放生池、葛仙殿（图 422）、三清殿、文昌殿等。葛仙观左边是大圣塔，右边为华阳书院。

图 421　葛仙湖公园内葛仙观棂星门

图 422　葛仙湖公园内
葛仙观葛仙大殿

（六）牌　坊

1. 赵氏节孝坊

赵氏节孝坊位于大路镇田桥村田家桥旁，四柱三间，明间额枋刻“旌表田明扬妻赵氏节孝之坊”（图 423），下刻“修田家桥记”字碑，次间额枋分别刻“彤管扬辉”和“冰壶比洁”，对赵氏予以褒扬（图 424）。此牌坊目前被房屋围砌于其中（图 425）。

2. 束氏节孝坊

束氏节孝坊位于丹阳访仙镇访南村大园自然村戎氏宗祠前，建于清乾隆年间，为旌表戎正麒妻束氏而建。坊上方石额镌刻“圣旨”二字，两旁石柱上有对联一副：“树之风声，千载青篇垂女朝；表厥宅里，九重丹诏前龙光”，给予束氏很高的荣誉。石额枋上有高浮雕（图

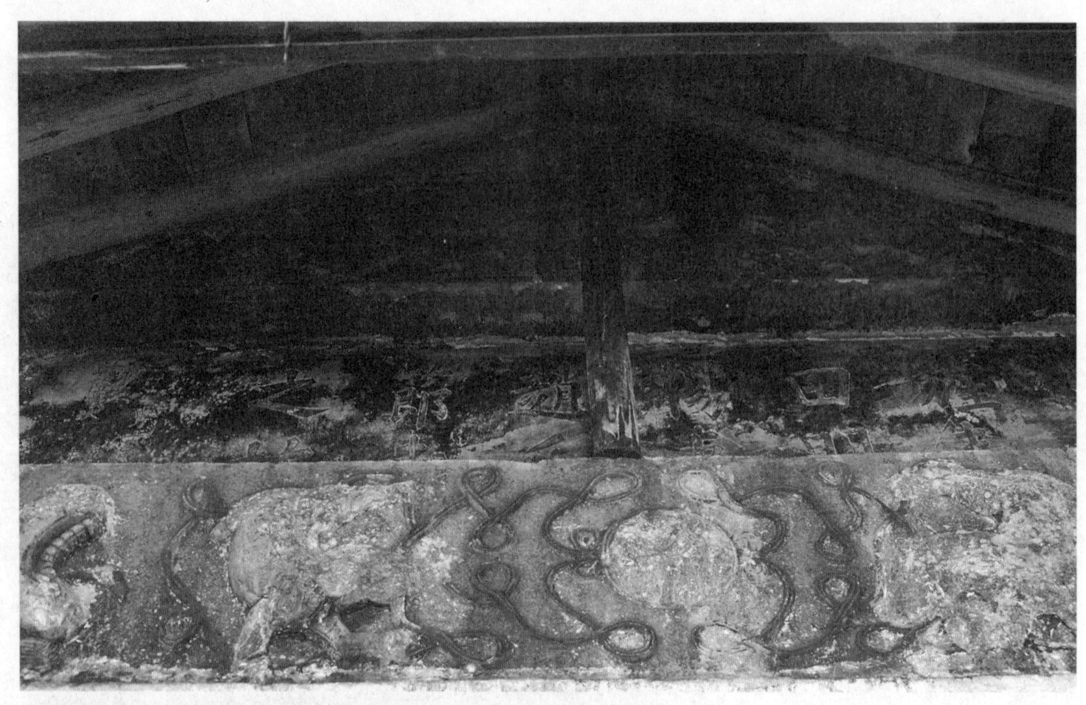

图 423　赵氏节孝坊碑刻已砌于民居室内

图 424　赵氏节孝坊坊柱间刻字

图 425　赵氏节孝坊露在房子外面的部分

426、图 427)。现为丹阳市文物保护单位。

3. 眭氏节孝坊

眭氏节孝坊位于丹阳延陵镇柳茹村贡家祠堂旁,建于清乾隆九年(1744),宽 6.15 米,高 5.5 米,三门四柱,为表彰本村处士贡荫之妻眭氏的守节美德而建。牌坊明间枋间字匾刻“旌表处士贡荫三妻眭氏之坊”,另有各级官员、名贤题名石刻;次间额枋间字匾分别刻“瑶池冰雪”、“贞明执操” 以示昭彰(图 428)。

4. 王氏贞节牌坊

王氏节孝坊位于镇江新区姚桥镇儒里东场 60 号,建于清嘉庆二十四年(1819)。其造型简洁,四柱三门,外侧右联刻:“圭璧为躬,冰霜独矢”,左联刻画:“江河比洁,日月争光”。内侧石柱上的字已漫漶。

图 426　束氏节孝坊正面

图 427　束氏节孝坊反面

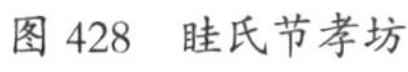

图 428　眭氏节孝坊

图 429　正仪坊

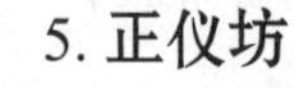

5. 正仪坊

正仪坊又称黼黻坊、文明坊，建于明代，位于丹阳市区，横跨西门大街。坊为三门式，花岗岩质地，宽 8.9 米，高 5.8 米，清代整修时又加青灰色构件，上刻“黼黻文明”，意即经过此坊时，要衣冠整齐，注意礼仪(图 429)。现为丹阳市文物保护单位。

(七)原道署衙门建筑

原道署衙门建筑在道署街 24 号，为清代道台官衙，民国期间为镇江县政府所在地。现建筑基本不存，仅剩衙门东侧高大的券门(图 430)。

(八)原育婴堂建筑

原育婴堂建筑在镇江市区梳儿巷 29 号，始建于清康熙年间，嘉庆年间重建，硬山式。现存房屋共三进三开间，头进进深五檩，二、三进均为进深七檩，大门北面设有专门投放育婴的窗口。记载其历史的碑石尚存于堂内(图 431)。

(九)老存仁堂药店

老存仁堂位于镇江市大西路 476 号，始创于清同治年间，其名取“存其仁义，同济众生”之意，是镇江百年以上老字号药店。店堂前后房屋共三进，店面上方刻有“老存仁堂”四个大字。该店现仍在经营并已发展成为连锁经营的医药零售企业——镇江存仁堂医药连锁有限责任公司，拥有 57 个分店(图 432)。现为镇江市文物保护单位。

图 430　原道署衙门券门

图 432　老存仁堂药店大门

（十）老宴春酒楼

老宴春酒楼在镇江市人民街 15 号，始建于 1890 年，迄今已有 120 多年历史，是镇江著名的中华老字号餐饮名店。酒楼为砖木结构的两层楼房，全部以青砖堆砌，门楼采用了飞檐起翘的大屋顶，很有特色（图 433）。“宴春”之名，源自名儒吴季衡的一副对联“宴开桃李园中一觞一咏，春在金焦山畔宜雨宜晴”中开头两个字。现为镇江市文物保护单位。

图 431　原育婴堂大门

图 433　古风盎然的老宴春酒楼

图 434　包氏钱庄大门

（十一）原包氏钱庄

包氏钱庄在镇江市小街 115 号，为包公后代在镇江从事钱庄生意所建，共三进，均为两层楼房，四周封火墙高大幽闭，起到防盗、防火之功效（图 434）。前两进为正房，楼下是办公和会客的场所，楼上有书房和卧室。大门入内，有一天井小院。后一进是小楼，楼上是佛堂，供奉菩萨和宗祠牌位，楼下是厨房和佣人居所。钱庄曾被改建，目前已进行了修复。现为镇江市文物保护单位。

（十二）总前委旧址

总前委旧址在丹阳市人民广场北侧的城河路宝塔弄 5 号，是邓小平、陈毅等老一辈无产阶级革命家指挥解放、接管上海的前线总指挥部，总体建筑面积约 254 平方米。旧址原属戴家花园，因此整个建筑呈民居风格。大门造型简洁质朴（图 435），入内有 1300 多平方米

图 435　总前委旧址大门

的天井，两层楼房全部以青砖堆砌。现为江苏省文物保护单位。江苏省爱国主义教育基地、江苏省全民国防教育基地和镇江市党员教育示范基地（图 436）。

（十三）解放军第三野战军司令部旧址

图 436　总前委旧址内二层楼房

解放军第三野战军司令部旧址在丹阳市东门大街 46 号，始建于清代，原为丹阳地方绅士胡尹皆私宅。第三野战军司令部于 1949 年 4 月迁至此地，以邓小平、陈毅为书记的上海战役总前委在这里指挥了解放上海的大会战。5 月 26 日上海攻克以后，司令部撤离丹阳。司令部旧址作为省级文物保护单位，按照“原址保护、修旧如旧”的原则修缮为青砖黛瓦木结构的江南民居风格（图 437），两进三开间平瓦房，占地 134 平方米。现为江苏省文物保护单位。

图 437　解放军第三野战军司令部旧址外观

（十四）警钟楼

警钟楼在丹阳市区谷口街与西门大街交会处，建于民国 19 年（1930）。原来建筑 5 层，第一层停放救火水龙，第二层用于办公更衣，第三、四、五层四面设窗，中间的梯子可供消防人员登临瞭望，顶层正间挂一警钟，以备发现火灾时发出警报。抗战期间，第三、四、五层被毁，现仅存两层。门额上“城西救火会”的字样依然可见（图 438）。现为丹阳市文物保护单位。

（十五）满汉文碑

满汉文碑在今江苏省丹阳高级中学物理实验楼北，全名为“御制平定准噶尔告成太学碑”，是乾隆帝平定准噶尔叛乱后，用以炫耀武功、纪念平叛胜利的刻石。碑身高 2.95 米，宽 1.76 米，厚 0.3 米，自右向左竖排阴刻楷书，右侧 24 行为汉文，左侧 26 行为满文，记载了清康熙二十九年（1690）至乾隆二十年（1755）平定准噶尔

图 438　丹阳警钟楼

叛乱事迹，一些字迹已风化难辨(图 439)。此碑原在丹阳文庙，后因文庙毁圮，遂将碑移放现址。现为丹阳市文物保护单位。

(十六)古　桥

1. 访仙桥

访仙桥原名博望桥，位于丹阳市访仙镇，始建于宋景定年间，横跨老九曲河，为单孔石拱桥，桥长 15 米，宽 4.5 米，桥面铺条石，其中轴线上铺纵向条石，以通行独轮车。桥心石栏外侧刻有“访仙桥”三字，两旁雕两个龙头。1971 年，两侧石栏提高 1 米，提高部分为砖混结构，现在，两侧桥栏上被砌上了两面高高的砖墙(图 440)。现为丹阳市文物保护单位。

图 439　满汉碑文

图 440　访仙桥

2. 季河桥

季河桥，位于丹阳市行宫镇九里村南首，南北向，横跨于香草河上。始建于元至正二年（1342），明景泰二年（1451）改建为单拱石桥，纵联分节并列式。桥高 5.18 米，长 223 米，桥堍拱肩狮面雕塑为市境内仅见。桥拱两侧刻有趴蝮 1 对（图 441）。此桥曾为古延陵八景之一，曰“长桥横汉”。现为江苏省文物保护单位。

3. 三思桥

三思桥又名再思桥，在丹阳城西谷口街，始建于元大德年间。为单孔石拱桥，高 4.3 米，长 23 米，宽 3.8 米（图 442）。桥上原有亭，后毁。为丹阳市文物保护单位。

4. 老西门桥

老西门桥在丹阳市西门大街西端，明万历年间，由丹阳知县韩万象发起建造，曾是丹阳西门外乡民进出县城的唯一通道，后经多

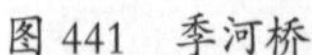

图 441　季河桥

次修缮，桥墩和护坡等部位为石块垒砌，为典型的明代风格（图 443）。现为丹阳市文物保护单位。

5. 开泰桥

开泰桥在丹阳市云阳镇南门外，横跨护城河，始建于明朝，为单孔拱券花岗岩石桥，长 47.6 米，顶宽 6.7 米，脚宽 9.61 米，桥上设石栏，高 0.73 米（图 444）。为江苏省文物保护单位。

6. 通泰桥

通泰桥在丹阳市区新民西路原丹阳市政府东侧，横跨护城河，始建于大明万历年间，民国八年（1919）重建。单孔拱券形制，桥身全部用花岗石砌成，长 30.40 米，桥顶宽 4.80 米，桥脚宽 6.70 米，桥身筑 0.40 米高石栏，石栏及其下方长条石上刻“通泰桥”3 字。桥拱两侧各嵌趴蝮 1 对，桥上建亭 1 座，桥边设钢椅数张，可供市民休闲浏览护城河风光（图 445）。现为丹阳市文物保护单位。

7. 板桥

板桥在丹阳市区南草巷南端，始建于南宋咸淳九年（1273），明成化六年（1470）重修，为单孔石拱桥，宽 3 米（图 446）。为丹阳市文物保护单位。

8. 环青桥和锁翠桥

环青桥（图 447）和锁翠桥（图 448），统称来秀桥，始建于明正统元年（1436），清道光乙巳年（1845）重建，在今江苏省丹阳高级中学校园内。两桥均为单孔石拱形，各长 10 米，宽 4 米。现为丹阳市文物保护单位。

图 442　三思桥

图 444　开泰桥

图 443　老西门桥

图 445　通泰桥

图 446　板桥

图 447　环青桥

9. 新河桥

新河桥俗称老北门桥，在今丹阳市高级中学北侧，始建于元至顺年间(1330~1333)，清乾隆十五年(1750)和光绪二十八年(1902)分别进行了重建。单孔石拱形制全部以花岗岩叠砌，长36米，高6.1米，桥面宽6.2米。桥面两边筑石栏杆，中间条石作为车道，两旁台阶以利于行人过往。现为丹阳市文物保护单位。

10. 沈家桥

沈家桥又名永安桥，在丹阳市区夥巷与大巷弄间的内河上，始建年代不详，明弘治十二年(1499)重建，为单孔石拱形，长6米，宽4米(图449)。桥拱南侧石壁刻有“大明

图448　锁翠桥

图449　沈家桥

弘治十二年岁次六月"等字样。现为丹阳市文物保护单位。

11. 扈云桥

扈云桥在丹阳市蒋墅镇青龙山，始建于明万历年间（1573~1620），其整体结构非常简单，桥面由九块花岗岩条石铺成，八根条石作为连接两岸的桩柱，六块更大的条石构成两个桥墩。桥中间两边花岗岩条石上镌刻着"扈云桥"三个大字（图 450）。现为丹阳市文物保护单位。

12. 吕渎桥

吕渎桥在丹阳市蒋墅镇滕村，始建于清咸丰六年（1856，图 451）。为丹阳市文物保护单位。

13. 荆村桥

荆村桥在丹阳市云阳镇荆林桥村，为单孔石拱桥，长 26 米，宽 2.6 米，桥身有石栏（图 452）。据桥边碑文记载：此桥由里人束崇文于元至正年间（1341—1368）始建，后毁，明永乐中，僧人一慧重建，1998 年乡民集资再次修建。现为丹阳市文物保护单位。

14. 义成桥

义成桥为三孔石拱桥，在句容市二圣村，建于清朝。据说因南下的孔子后代定居在句容，所以将这里建造的桥命名为二圣桥，即今天的义成桥（图 453）。现为句容市文物保护单位。

图 450　扈云桥

图 451　吕渎桥

图 452　荆村桥

图 453　义成桥

（十七）陵　墓

1. 米芾墓

米芾墓位于南郊南山风景区内的黄鹤山北麓，是北宋晚期大书画家米芾的衣冠冢。

墓门两侧各有一个下方上圆雕刻云朵纹的大理石柱，墓前 50 多米处建石牌坊，四柱三间，上刻楹联：“抔土足千秋襄阳文史宣和笔，画林纳数武宋朝郎署米家山”（图 454）。台阶两边置玉带坡，墓道向北伸展，长 60 米。墓有石圹，直径 11 米，坟包直径约 4 米，外包护石。坟前墓碑上刻“1987 年春重修”，正中镌刻“宋礼部员外郎米芾元章之墓，曼殊后学启功敬题”（图 455）。

图 454　米芾墓前石牌坊

图 455　米芾墓

图 457　赵伯先墓

现为镇江市文物保护单位。

2. 赵伯先墓

赵伯先墓在南山风景区文苑内。赵伯先，镇江大港人，辛亥革命烈士。墓道长 60 米，四柱三间牌坊上镌有："巨手劈成新世界、雄心恢复旧山河"，"绿竹径回环劲节雅似君子德、黄花岗缥缈忠魂是有故人游" 等联语，坊额篆刻"浩气长存" 四个大字(图 456)。墓周植有梧桐和苍松翠柏，树森成荫，景色幽静。坟包建在圆形台基上，直径 9.8 米，周径 34 米，有护墓石，前列石供桌，墓碑上刻有"大将军赵伯先之墓"，碑前有石供桌，两旁一对石狮(图 457)。现为江苏省文物保护单位。

图 456　赵伯先墓前石牌坊

3. 孙方墓

孙方墓位于丹阳市后巷镇倪山东北麓，依山而筑，东南向，墓道两旁有神道石柱 1 对，柱高 4 米，柱础方形，柱身八角形，柱上端

图 458　孙方墓前石坊

立长 1 米圆形石柱，柱面刻飞鹤团云；三门四柱石坊 1 座（图 458）；墓旁有石羊 1 对，头毁，形体丰满，尾短而肥大（图 459）；石虎 1 只，作蹲状，高 1.6 米，耳尖小，向上竖，鼻梁长而直，闭口睁目（图 460）；石马 1 对，作站立状，长颈，颈部长须两侧分披，尾垂于股间，马背有鞍，缰绳由辔头引出，末端结有活扣，置于鞍上（图 461）；龟趺 1 座，已残损倾倒。墓为圆土墩，高约 3 米，直径 5 米。

孙方，字思行，明正德六年（1511）进士，授行人司行人，后擢监察御史。其墓是丹阳境内名人墓中保存较好的一座，为丹阳市文物保护单位。

4. 颜真卿墓

颜真卿墓位于句容市行香镇后颜村，在虎耳山和龙山之间。墓旁曾建颜鲁公祠，现

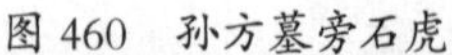
图 460　孙方墓旁石虎

图 459　孙方墓旁石羊

图 461　孙方墓旁石马

祠堂已毁，祠前碑高 1.33 米，宽 0.62 米，厚 0.18 米，碑上刻有“自家老祖颜鲁公，唐代赐葬，立祠设庵”等文字。据记载，南宋时期，墓前沿神道两侧还排列着石龟、石柱、石翁仲和石板等，现已不存。为“镇江市文物保护单位”（图 462）。

图 462　颜真卿墓

（十八）古　塔

1. 僧伽塔

僧伽塔在镇江市京口区塔山路 1 号宝塔公园内，始建于唐代，因瘗西域高僧僧伽（624—710）真身而得名。南宋绍兴年间（1131—1162），泗州城高僧等慈奉僧伽像来镇江，于寿丘山建僧伽塔。明万历间（约 1595）迁塔于鼎石山上。今人按明代风格复建，总高 32.5 米，七级八面，密檐疏层，内为方形，错间而上，塔壁厚达一米，为砖砌仿木结构楼阁式。塔身四面为卷形门，塔周建围墙，砌山门，立“僧伽塔”石额。此塔在光绪中叶曾遭火劫，木结构部分烧毁，1983 年全面修复（图 463）。现为镇江市文物保护单位。

图 463　镇江僧伽塔

2. 万善塔

万善塔又称万寿塔，在丹阳市万善公园内，始建于明天启末年（1627），明崇祯十年（1637）竣工。塔身为八面木檐楼阁式，高 47.76 米，共计七层，各层均设平座。各室架木梁，上铺楼板，有木扶梯逐层而上，游客可由各塔室至平座，凭栏远眺（图 464）。20 世纪 80 年代后期集资修葺，塔体焕然一新。90 年代初在宝塔四周扩建万善公园。现为镇江市文物保护单位。

（十九）季子庙

季子庙在丹阳九里镇。季子名札，是春秋时吴王之子，受封延陵，曾三让王位，隐居躬耕，九里人民为弘扬季子谦让仁义的美德，二千多年前就修建了季子庙，到了清代，共有九十九间半，成为江浙一带最早最大的道家建筑。抗战中，季子庙毁于战火。今存多为后人所建仿古建筑（图465）。庙正中有“呜呼有吴延陵君子之墓”碑，世称十字碑，相传为孔子所写，考原碑只“呜呼有吴君子”六字是古篆，“延陵之墓”四字是方篆，两者不同，怀疑为汉人所书，唐、宋以来多次翻刻。碑高2.45米、宽1.07米，圆首（图466）。十字分两行，左、右、下都有唐人题刻。现为江苏省文物保护单位。

图464　丹阳万善塔

图465　季子庙大殿

图 466　季子庙内十字碑亭

（二十）关帝庙

关帝庙位于丹阳市新桥镇中心小学内，始建于清康熙年间，是邑内最大的关帝庙之一。庙院前后两进，中间是一个大院落，占地5亩，能容纳万人。原有殿堂、楼阁、戏台等，建筑十分壮观，雕梁画栋，气宇轩昂。庙门前有高大的照壁墙，拱型正门楼上镌刻"关帝行宫"4个金色大字。大殿对面建有戏楼，两旁为房廊，戏楼下面竖有花岗岩石柱。后殿塑有关公像1尊，高丈余。抗日战争期间，戏楼被焚毁，现仅存大殿1进，三间，宽13.6米，进深11.5米，5檩，硬山式，其梁架斗栱等木构架保存基本完好。现为丹阳市文物保护单位。

（二十一）东岳庙

东岳庙建于清朝，文革期间遭到严重破坏，现存一座带走廊的木结构大殿，位于扬中市三跃小学内，为学生餐厅。殿内船篷下横梁上雕刻了凤凰、双龙戏珠、花卉等图案（图 467）。目前新修了大雄宝殿（图 468）。

图 468　东岳庙新建的
大雄宝殿

图 467　原东岳庙大殿
现为学生餐厅

结 语

镇江传统建筑及其雕饰的保护

建筑是人的居所。在建筑环境中,往往经历过许多事,关系到许多人,因为事件和人物,相关的建筑被记载和保留下来。建筑的这种记事功能正反映在镇江传统建筑中。甘露寺的每一栋建筑几乎都与三国历史故事相关;镇江英国领事馆旧址则折射了一段屈辱的民族史;西津渡古街上随处可见的六朝至清代古建筑见证了古渡的历史地位,它所承载的渡口文化、宗教文化和民居文化乃是任何书本知识无法相比的。而各类布业公所、米业公所及木业公所则是镇江作为当时商业经济重镇的最好证明。可以说,建筑里的故事就是一部活生生的历史教科书。

随着城市经济的发展与人民生活水平的提高,如何保护城市历史进程中留下来的传统建筑确实是个难题。一方面,政府要规划现代化的小区,很多街巷和老房子上都写着醒目的"拆"字;另一方面,许多居民特别是年青一代不愿意住在祖辈留下的老宅里,有的将老屋改造,拆掉雕花的木格扇窗,换上明净的玻璃窗;有的干脆拆掉旧屋,盖上新房。镇江市区的很多传统建筑破损非常严重,近乎被新式小区湮没!布业公所的磨砖大门、瓦木业公所的青砖墙、陈锦华公馆的磨砖大门都被刷上白垩;凌家祠堂好端端的磨砖大门被封起来,中间开窗。一些传统建筑虽被列为文物保护单位,但"保护"却有欠落实,如丹阳仿仙镇萧家祠堂,中进改为住宅,红砖砌墙,精美的石雕被随意砌进新房的墙脚下。

城市的形成是建筑文化的积淀过程。一座城市的文化积累越是

深厚,其景观特质就越发强烈,环境也就越丰富动人。保护传统建筑及其雕饰与发展现代化城市相辅相成。作为历史文化名城的镇江,在打造现代化城市形象的同时,理应展示其厚重的文化内涵,体现其历史积淀的文脉,保护区内新建筑应与古建筑风格统一。以西津渡古街为轴心的老城区,周边新建筑了一大批酒吧、会所、餐饮等商业建筑,采用了与传统建筑风格相统一的仿古式,较好地烘托了西津渡的整体环境氛围。在现代城市中修建仿古建筑,只要规划合理,仿制得当,有利于提升现代城市的文化内涵,形成城市的区域传统特色。如学者所言,"中国传统建筑作为一个体系并不适合今天绝大多数的建筑需要,然而分解开来,其中的一些部件和元素却能够融入到新建筑中。除了能作视觉符号用的形象成分外,凝聚在传统建筑中的中国传统观念、意识、心理等方面的因子,也可以被吸收进新建筑中来"。[1] 正是基于这一理念,镇江市政府在开发利用传统建筑及其雕饰方面做出了积极努力。大西路是镇江一条古老的商业街,伯先路与之交汇,这两条路上集中了众多的传统建筑,如镇江商会、广肇公所、金山饭店、江南饭店、蒋怀仁诊所旧址、美国牧师住宅旧址、西津渡古街等,并且建筑类型丰富,有中国传统式,有西式,亦有中西结合式;建筑雕饰风格更是多姿多彩,或简洁,或繁琐,或中或洋,都极具代表性。对这段路上的新建筑,镇江市政府可谓花了心思。沿街的门面房大多采用中国传统建筑形制,飞檐翘角,斗栱雀替,白墙黑瓦,朱红门窗,简洁的马头墙逐级跌落。与此同时,传统建筑雕饰也一并运用起来,木雕花窗、格扇和山墙的砖雕为这些仿古建筑增色不少,不仅烘托了原有的传统建筑,更使得整条街形成统一的风格和特色。

然而,当我们欣喜于政府在保护传统建筑及其雕饰方面所表现出的积极姿态之际,也应该清醒地认识到严峻的挑战,特别是散落在镇江乡间大量原汁原味的砖石雕花清代民居,其命运着实令人担忧。镇江新区大路镇尚存有大量的老房子和雕花门楼,但由于政府正在进行"万顷良田"工程,很多有着相当艺术价值的民居及其雕饰都面临拆迁之虞。就在我们考察过程中,不断见到老房子被拆掉,被保留下来的古民居孤零零地矗立在一片废墟当中,景象是何等的凄惨。多亏有马阿林先生和古建筑爱好者的奔走呼号以及多家媒体介入,才使得部分古民居和雕花门楼暂时得以幸存。事实上,老百姓的古建筑保护意识有时甚至比政府强,只可惜他们的力量太过微薄!当有人来收购古建筑构件时,有人无奈地表示,卖也算是保存,要胜过强拆所遭致的毁灭。很难想象,若干年后,人们想要了解镇江作为文化名城的历史背景时,除见到金山、焦山和北固山等被过度开发、完全商业化的仿古建筑,还能见到几多原汁原味的古建筑呢?

1 吴焕加.中国建筑 · 传统与新统[M].南京:东南大学出版社,2003年,第56页。

诚然，要保护散落于乡间的古民居，在操作方式上确有一定的难度，但也不至于束手无策。政府似应邀请相关文物专家和古建筑专家对镇江地区的古民居进行抢救性考证和评估，把具有一定历史价值的传统建筑及其雕饰集中到具有代表性的古村落[1]，成立古建筑及其雕饰博物馆，千万不可盲目地大拆大建，断了镇江历史文化的根脉和精神！文化是城市的底蕴和灵魂，是城市繁荣发展的魅力所在。城市的发展不能忽视对历史文化遗产的保护，更不能忽视对城市文化个性的培养，而建筑文化则不失为城市文化中一个最重要的表征形态。

镇江传统建筑凝聚着历代镇江人的生活方式和生存观念，并作为城市的历史缩影影响着一代又一代人的精神面貌；它是镇江文化的标志，是镇江历史的见证，更是镇江人民的心灵寄托。镇江传统建筑雕饰以其丰富的题材内容记载着当地的风土人情、区域文化，反映着镇江的经济状况和人们的审美诉求，它以精湛的雕刻工艺及多彩的艺术形式展露出民间艺匠们的高超技术和设计水平。传统建筑及其雕饰所具有的精神特质对于当今中国的主流艺术无疑是一种极其有益的调节和滋补。保存它，就是保存了中国传统文化的一部分；成功地运用它，发展它，就是为中国现代建筑艺术提供了一种民族化的手段。不管是从历史的、艺术的，还是从文化的角度，镇江传统建筑及其雕饰都应获得足够的重视和全面的保护。

1 比如目前正在进行的古村落要建名录，江苏共有60个古村落入选，镇江新区的葛村和丹阳延陵的季子庙都名列其中。葛村至今现存62处古建筑，有宗祠、走马楼、古更楼、古民居、四合院等，年龄最大的解氏宗祠，建于明朝景泰年间，至今已经550多年。葛村被专家认为是“江苏为数不多的古村落”、“镇江最美古村落”。古镇延陵历史悠久、人文荟萃、风光秀丽，它是吴季札的食邑，抚育出包咸、韦昭、包融等著名学者和诗人，发生过南宋爱国名将贡祖文舍命保护岳飞三子岳霖避居延陵的伟大壮举，抗战时期有震惊江南的“延陵大捷”，不仅有季子碑、昌国寺等名胜古迹，更有七仙女与董永的美丽传说。

参考文献

1. 长北 . 江南建筑雕饰艺术 · 徽州卷[M]. 南京 : 东南大学出版社, 2005
2. 长北 . 江南建筑雕饰艺术 · 南京卷[M]. 南京 : 东南大学出版社, 2009
3. 长北 . 中国古代艺术论著研究[M]. 天津 : 天津人民出版社, 2003
4. 陈泽泓 . 中国门楼牌坊[M]. 广州 : 广东人民出版社, 1993
5. 陈志华 . 外国古建筑二十讲[M]. 北京 : 生活 · 读书 · 新知三联书店, 2002
6. 陈志华 . 外国建筑史[M]. 北京 . 中国建筑工业出版社, 1979
7. 戴迎华 . 论近代镇江经济衰落的原因[J]. 镇江: 江苏理工大学学报(社会科学版), 2000 (2)
8. 戴志坚 . 中国传统建筑装饰构成[M]. 福州: 福建科技出版社, 2008
9. 丁俊清、肖健雄 . 温州乡土建筑[M]. 上海: 同济大学出版社, 2000
10. 符永才 . 民间石窗艺术[M]. 北京: 人民美术出版社, 1999
11. 方拥 . 中国传统建筑十五讲[M]. 北京: 北京大学出版社, 2010
12. 黑格尔 . 美学[M]. 朱光潜译 . 北京: 商务印书馆, 1997
13. 黄松 . 传统建筑装饰中的人文思想分析[J]. 华中建筑, 1998, 16 (3)
14. 姜晓萍 . 中国传统建筑艺术[M]. 重庆: 西南师范大学出版社, 1998
15. 康定斯基 . 论艺术的精神[M]. 查立译 . 北京: 中国社会科学出版社, 1987
16. 李文初 . 中国山水文化[M]. 佛山: 广东人民出版社, 1996

17. 李先逵主编 . 中国传统民居与文化［C］. 北京：中国建筑工业出版社，1997
18. 梁思成 . 中国建筑史［M］. 天津：百花文艺出版社，1998
19. 梁思成 . 梁思成文集［M］：第三册 . 北京：中国建筑工业出版社，1982
20. 梁思成 . 营造法式注释［M］. 北京：中国建筑工业出版社，1983
21. 梁正君 . 广州陈氏书院建筑装饰工艺中的吉祥文化［J］. 岭南文史，2003（2）
22. 楼庆西 . 中国古建筑二十讲［M］. 北京：生活 · 读书 · 新知三联书店，2001
23. 楼庆西 . 中国传统建筑装饰［M］. 北京：中国建筑工业出版社，1999
24. 楼庆西 . 中国建筑的门文化［M］. 郑州：河南科学技术出版社，2001
25. 路玉章 . 古建筑砖瓦雕塑艺术［M］. 北京：中国建筑工业出版社，2002
26. 陆元鼎 . 中国民居装饰装修艺术［M］. 上海：上海科学技术出版社，1992
27. 罗哲文、王振复 . 中国建筑文化大观［M］. 北京：北京大学出版社，2001
28. 罗哲文 . 中国古代建筑［M］. 上海：上海古籍出版社，1990
29. 曲云进 . 镇江山水名胜楹联述论［J］. 江苏大学学报（社会科学版），2003，5（4）
30. 沈晓辉 . 门饰艺术［M］. 沈阳：辽宁美术出版社，1994
31. 史春珊、孙清军 . 建筑造型与装饰艺术［M］. 沈阳：辽宁科学技术出版社，1988
32. 孙礼军 . 建筑的基础知识［M］. 天津：天津大学出版社，2000
33. 田真 . 世界三大宗教与中国文化［M］. 北京：宗教文化出版社，2002
34. 汪国瑜 . 汪国瑜文集［C］. 北京：清华大学出版社，2003
35. 王明居、王木林 . 徽派建筑艺术［M］. 合肥：安徽科学技术出版社，2000
36. 王其均 . 中国传统建筑文化系列丛书 · 中国传统建筑雕饰［M］. 北京：中国电力出版社，2009
37. 王其均 . 中国传统建筑色彩［M］. 北京：中国电力出版社，2010
38. 王骧 . 镇江史话［M］. 南京：江苏古籍出版社，1984
39. 王小回 . 中国传统建筑文化审美欣赏［M］. 北京：社会科学文献出版社，2010
40. 王振复 . 宫室之魂［M］. 上海：复旦大学出版社，2001

41. 汪正章．建筑美学［M］．北京：东方出版社，1997
42. 吴焕加．中国建筑·传统与新统［M］．南京：东南大学出版社，2003
43. 吴良镛．发达地区城市化进程中建筑环境的保护与发展［M］．北京：中国建筑工业出版社，1979
44. 吴庆州．中国民居建筑艺术的象征主义［C］．见：李先逵主编．中国传统民居与文化：第五辑．北京：中国建筑工业出版社，1997
45. 吴为．中国传统建筑装饰［C］．见：杭间主编．装饰的艺术．南昌：江西美术出版社，2001
46. 奚传绩．设计艺术经典论著选读［M］．南京：东南大学出版社，2002
47. 杨瑞彬、刘明祥．镇江古今建筑［M］．苏州：古吴轩出版社，1999
48. 袁镜身．建筑美学的特色与未来［M］．北京：中国科学技术出版社，1992
49. 元·俞希鲁．志顺镇江志
50. 叶朗．中国美学史大纲［M］．上海：上海人民出版社，1985
51. 曾德昌．中国传统文化指要［M］．成都：巴蜀书社，2000
52. 张道一．中国古代建筑砖雕［M］．南京：江苏美术出版社，2006
53. 张道一．中国古代建筑木雕［M］．南京：江苏美术出版社，2006
54. 张道一．中国古代建筑石雕［M］．南京：江苏美术出版社，2006
55. 张复合主编．建筑史论文集［C］．北京．：清华大学出版社，2001
56. 张燕．南京民国建筑艺术［M］．南京：江苏科技出版社，2000
57. 张燕．扬州建筑雕饰艺术［M］．南京：东南大学出版社，2001
58. 朱广宇．图解传统民居建筑及装饰［M］．北京：机械工业出版社，2011
59. 宗白华．宗白华全集［M］．合肥：安徽教育出版社，1994
60. 镇江市地方志办公室编著．镇江要览［M］．南京：江苏古籍出版社，1989
61. http://www.zjwh.net/bbs/simple/index.php?t96249.html

跋

练正平是我第五届设计艺术学研究生。入学一年,她便怀了孕。我对研究生一向要求苛严,而对怀了孕的研究生则网开一面,因为,比之宝宝将近一个世纪的生命,功名实在如鸿毛般轻。而正平身怀六甲,每一步都比没有怀孕的同学踩得更周到,更细致,更实,更稳,老师连批评的缝儿也找不出。她跟着我研究民间艺术和造物艺术。我见她肯听人劝,一点就通,肯一个问题一个问题地深钻,靠船下篙,小中见大,视角独到而不是大而无当,行文没有东寻西摘的"研究生腔",倒有一种自然的平实老到,我关注起她的学术潜质来,并把她的文章介绍到了海外。在大部分研究生用捉襟见肘的生活费购买版面的时候,正平研究风俗画和文物鉴赏古籍的论文得以发表,凭着自己的实力拿到了海外寄来的美元。后来我知道,她的论文都经过她夫君——南京大学外国文学博士研究生于雷初改,传给我改时,我已是"二传手"了。这是后话。

我接下调查和编辑《江南建筑雕饰艺术》丛书的任务以后,逐个询问研究生,有没有参与其中的意向?有同学出于就业考虑,自选了题目,我尊重甚至不无迁就;有同学领下了任务,却迟迟难以进入状态。正平欣然同意将镇江传统建筑雕饰艺术作为毕业论文的研究方向。为此,她一面查找资料,阅读书籍,一面以夫君摩托车后座为交通工具展开田野调查。她的毕业论文被评为优秀硕士论文,练同学顺利变成了"练老师",夫君摩托车变成了小汽车;没有变的,是正平对这一研究课题的持续探求,是夫君始终如一的相伴相守。我的《江南建筑雕饰艺术 · 徽州卷》,她一遍遍穷钻;我的《江南建筑雕饰艺术 · 南京卷》校样,她一遍遍拿去琢磨;夫妻俩和摄影师一次又一次前往镇江实地调研,对当地鲜为人知的旧宅民居等,作了详尽的文字记录,从第一手资料的积累中逐步升华出观点。她抓住了西风东渐这一特殊历史背景下镇江作为开埠港口,与苏州、扬州传统建筑有别的地方特色,见出研究的深度。我对她的书稿改得苛刻,更要求她夫君十遍八遍地改,她自己千遍万遍地改,不改到字字妥帖,不能付印。不是为难她,而是带着她做书。处女作做实了,以后就能够独立写书了。书的总论已作为阶段性成果,发表于《艺术百家》2008 年第 5 期。

正平秉性温柔贤淑,待人以和。像她这样有着中国传统女性美德的现代知识女性,如今越来越少了。前年我因咽炎咳嗽,冬病春恙。正平夫妇带着他们的女儿动动,用汽车接我到前湖。坐在他们带去的帆布椅上,看烟霭轻笼,水波不惊,远山蒙蒙,飞鸟阵阵,吹面不寒的杨柳风轻轻滑过我全身。在大自然的感召和抚摸之中,我蜷曲了一冬的心如春风般地舒展开来,童蒙乍开的动动竟然脱口说出"真美"! 大自然也催醒了孩子的审美意识。孩子们"龟兔赛跑"尽兴以后,两家人驱车前往饭店,正平公婆已在等候。婆母笑吟吟喊她"老练",说"她忙正事,孩子交给我";公爹则与我大谈歌咏表演中如何爱上她婆母,如何展开马拉松式的追求,谈正平如何不是闺女胜似闺女。我夫妇以热烈的掌声,邀请她婆母即席唱了《拔根芦材花》等两首高邮民歌。那嗓音,清如泉水,脆得字字能跌断,亮得隔壁食客推门探耳偷听。两家人不是一家,又似一家,其笑也融融! 其乐也融融!

唉唉,从迎生进门到送生出门,导师所花的心血实属不少,我有一半研究生是在我退休以后不拿报酬的情况下带出门的。老师图什么? 图学生接着做,图此生多几个子女、家人和朋友! 有正平这样的学生,人生多了温暖多了希望,吾复何求! 吾复何求! 正平能否与学问相伴一生? 能把学问做到什么程度? 我尚难把她这一生"相"透。我对正平说,作为母亲,未成年的儿女高于一切;但是,女人生命的意义又绝不仅仅在于孩子。正平有治学的基本素质,又有勇作后盾的婆母、琴瑟相和的夫君、懂事早慧的女儿,只要自己不言放弃,"不降其志",这辈子应该能做些事情。我望正平在做贤妻良母的同时,对学问不离不弃。

长北于2008年夏

后 记

我接触镇江传统建筑，完全缘于我的研究生导师长北教授。还在东南大学读研期间，长北教授主动鼓励我参与她的江南传统建筑雕饰研究课题。我本人曾从事平面设计专业数年，建筑雕饰方面的课题对我来说，多少有几分陌生。于是，我开始翻阅大量建筑专业的书籍和资料，尤其是有关中国传统古建筑方面的内容。刚好，长北教授在其《江南建筑雕饰艺术 · 徽州卷》中对中国传统建筑雕饰术语及相关概念作了集中而详尽的论述，我可以直接从中受惠。在一边看、一边学、一边用的过程中，我逐渐对中国传统建筑有了更深的理解；随着对镇江传统建筑考察的深入，我愈发感到我们这项工作的重要性、必要性乃至于紧迫性。镇江虽然一直是公认的历史文化名城，但除了金山、焦山、北固山和茅山等热门旅游景点被人们所熟悉之外，事实上，镇江地区的传统建筑保护得并不算好，甚至比较糟糕。在城市化的进程之中，城区的代表性民居大多已被拆迁，最能体现镇江传统建筑特色的仿西式建筑也没有得到应有的维护，地处偏僻乡镇的古民居和雕花门罩[1]，命运更加不济，虽然偶有被标示为文物保护单位，实际上根本得不到保护，眼睁睁看着它们一天天残败下去。近两年来，镇江新区正在实施万亩良田工程，很多村庄已经被拆，或正在拆，或正等着拆，其间，几十座雕花门罩的命运着实岌岌可危。就在我们实地考察的过程当中，还不断有古民居和雕花门罩被拆除，不断有商贩上门收购门罩砖雕和木雕。让人略感欣慰的是，民间传统文化的爱好者不惜多方奔走，借助媒体的公众影响力，促使部分古民居在拆迁的过程中被保留了下来。这些孤零零地矗立在废墟当中的艺术品（如大路镇张豹文旧居）究竟会有怎样的未来，其结果恐怕谁也无法预料。张豹文旧居门罩的精美砖、石雕已经被盗，再过一段

1 门楼一般指顶部高过两侧院墙的大门，其结构和筑法类似房屋，顶部有挑檐式雕饰。门罩则是较为简单的门楼，高度不超过两侧院墙，结构和造型上也较为简洁。而民间都将门楼和门罩统称为雕花门楼。

时间,或许还会有更多的老房子和雕花门楼在镇江地区消失。本书中的图片和文字,在一定程度上承载了记录历史的重任[1]。

《江南建筑雕饰艺术 · 镇江卷》除了基本的理论性文字之外,更包含了近500张镇江传统建筑的精美图片——这项工作要归功于摄影家徐振欧先生。为了拍摄这些照片,他不下几十次赶赴镇江,走街串巷,深入到偏僻的乡村,还背着几十斤重的摄影器材,不辞劳苦。虽然读者看到的只有书中选录的近500张图片,摄影家却要拍数千张照片,一座门楼也许只选择了两张图片,摄影家却要从角度、光线、视觉效果等多方面取景拍摄,再从中选取最好的呈现给大家,其中的工作量可想而知。

2011年秋,我有幸结识了镇江马阿林先生。马先生是中国传统文化的爱好者甚或是捍卫者。他不忍心看到那些精美的雕花门楼被拆除。出于保护传统建筑和建筑雕饰的强烈责任感,他辗转联系到我,一起来壮大保护镇江古建筑的力量。2012年春,马先生多次义务为我和徐振欧先生带路,实地考察地处乡间散落的传统民居。说实话,若没有马先生的慷慨相助,我们恐怕很难找到那些地处偏僻的精美雕花门楼,相应地,本书的内容也不会如现在这般丰富。在此,我谨向马阿林先生表达深深的感激和钦佩!

在本书撰写期间,长北教授曾多次给予学术上的指导和帮助,不止一次地就书稿的内容提出极具价值的建议,并亲自对全部文字加以详细修改和校对——大到文章的段落结构,小到一个标点符号均不放过。此外,她还无私提供了大量建筑专业方面的书籍和图片资料,甚至亲自参与镇江的实地考察。长北教授既是我的良师,更是我的益友。她在学术上的成就,为我照亮了今后的科研之路;她在生活中的淡泊名利,使我体会到了艺术人生的真正价值。在此,我要由衷地感谢长北教授!没有她,也就没有本书。

此外,我还要感谢我的家人,特别是我的爱人于雷先生。他一直在背后鼓励和督促我尽快完成这项工作。在我接手课题之初,他曾利用假期陪我一起去镇江调研,并多次为我审读文稿。有几次我去镇江考察时,他丢下自己手头的科研工作陪伴孩子,消除了我的后顾之忧。

最后,还要感谢东南大学出版社的编审刘庆楚先生。正是因为他在百忙之中出谋划策,细心审稿,本书才能够最终顺利付梓。

本书的钻研文献、田野调查和写作前后延续了整整十年,在反复考察的过程中不断得以充实,并经多次修改,因本人学识有限,瑕疵在所难免,还望各位方家、前辈批评、指正。

练正平

2013年2月

1　镇江丹阳是齐梁两代开国皇帝的故里,境内有多处齐梁皇陵遗趾,留存石刻颇多,但此项内容已有相关的专著及大量的介绍性书籍,故不纳入本书范畴之内。